QU'EST-CE QUE

L'ÉLECTRICITÉ

QU'EST-CE QUE

LE MAGNÉTISME

ATTRACTIONS. — GRAVITATION

ORIENTATION DE L'AIGUILLE AIMANTÉE

PAR

A. DESPAUX

INGÉNIEUR DES ARTS ET MANUFACTURES

PARIS

H. DUNOD ET E. PINAT, ÉDITEURS

47 ET 49, QUAI DES GRANDS-AUGUSTINS

—

1917

QU'EST-CE QUE L'ÉLECTRICITÉ

QU'EST-CE QUE LE MAGNÉTISME

ATTRACTIONS. — GRAVITATION

ORIENTATION DE L'AIGUILLE AIMANTÉE

TOURS. — IMPRIMERIE DESLIS FRÈRES ET Cie.

QU'EST-CE QUE

L'ÉLECTRICITÉ

QU'EST-CE QUE

LE MAGNÉTISME

ATTRACTIONS. — GRAVITATION

ORIENTATION DE L'AIGUILLE AIMANTÉE

PAR

A. DESPAUX

INGÉNIEUR DES ARTS ET MANUFACTURES

PARIS

H. DUNOD ET E. PINAT, ÉDITEURS

47 ET 49, QUAI DES GRANDS-AUGUSTINS

1917

PRÉFACE

Cet ouvrage va paraître à une des époques les plus terribles de l'histoire, époque qui sans doute aura vu accumuler le plus de ruines et répandre le plus de sang et de larmes.

Moi-même j'ai subi la perte d'un fils, perte qui à son tour a été la cause d'une autre non moins douloureuse, et mon deuil est celui de presque toutes les familles françaises.

Déjà, des millions d'hommes ont été fauchés, d'autres vont tomber encore, la fleur de la jeunesse intelligente et valide, et cela par la volonté et pour la seule gloire d'un kaiser, personnage fourbe et hypocrite dont la figure sinistre dépasse de loin celle des plus grands fléaux jusqu'ici parus.

Et quel est le but de ces hécatombes? L'Allemagne, qui se prétend le peuple prédestiné et placé bien au-dessus des autres peuples, veut, d'accord avec son kaiser, imposer sa kultur et sa mentalité à l'Europe entière. Or, qu'on lise les ouvrages de ses savants; en dehors des applications de la science on n'y rencontre que verbiage et métaphysique.

Qu'on mette en regard de cette science mystique et trouble l'ouvrage que je fais paraître aujourd'hui et qu'on juge. L'époque est propice pour se montrer impartial et ne plus accepter et admirer par snobisme tout ce qui nous venait d'Outre-Rhin.

QU'EST-CE QUE L'ÉLECTRICITÉ
QU'EST-CE QUE LE MAGNÉTISME

ATTRACTIONS. — GRAVITATION

INTRODUCTION

Dans un opuscule intitulé **Courants électriques, courants hydrauliques** édité en 1914, j'ai exposé et fait ressortir que, sans recourir à aucune hypothèse, on reconnaît que les phénomènes électriques et ceux des courants en particulier, sont identiques à ceux qui se produisent dans les états de la matière à nous connus. Il suffit pour cela de les bien saisir les uns et les autres.

La conductibilité et la non-conductibilité électriques des corps s'expliquent comme la conductibilité et la non-conductibilité calorifiques ; l'opacité et la transparence électriques s'expliquent comme l'opacité et la transparence lumineuses ou calorifiques, il n'y a rien à changer. Comme j'ai longtemps réfléchi sur mon sujet et que je m'en suis bien pénétré, je crois avoir été fort clair dans mon exposition, et c'est ce qu'ont bien voulu reconnaître les personnes non prévenues qui ont lu mes précédents ouvrages.

Tout d'abord il importe de se bien pénétrer de cette idée, que pas plus qu'une matière quelconque l'électricité n'est une énergie ; l'eau et l'air ne sont pas des énergies, mais ils peuvent servir de support à une énergie lorsqu'ils sont en mouvement ou en tension. Il en est de même de l'électricité, en mouvement ou en tension elle donne lieu à une énergie, mais seulement dans ces conditions. Il y a donc des énergies électriques comme il y a des énergies hydrauliques et des énergies pneumatiques, et de la même façon. Il existe entre les états connus de la matière et l'électricité une autre ressemblance, c'est qu'elle peut comme eux servir à la création d'ondes servant simplement à transmettre de l'énergie sans déplacement de matière, ondes sonores, ondes calorifiques, lignes de force, etc. Dès qu'on est pénétré de ces idées, on rencontre partout, non seulement des ressemblances, mais des identités, c'est ainsi que j'ai mis en évidence, et d'une évidence incontestable, que dans les courants électriques, il existe comme dans tous les courants quels qu'ils soient, liquides, gazeux et même solides, deux choses fort distinctes :

1º La **vitesse de la matière** ou **vitesse du courant**, laquelle est essentiellement variable et liée à l'énergie de l'impulsion ;

2º La **vitesse de propagation du courant**, laquelle est toujours la même pour une même matière ou un même milieu, quelle que soit l'énergie de l'impulsion. Avec l'air, cette vitesse de propagation est celle de l'onde sonore, à savoir 330 mètres par seconde ; dans l'eau elle est de 1.435 mètres; avec l'éther (ondes lumineuses et calorifiques), elle est de 300.000 kilomètres par seconde, et pour l'électricité elle est également de 300.000 kilomètres.

Or, en ce qui concerne les courants électriques, nul auteur n'a fait cette distinction; bien plus, la plupart considèrent la vitesse de propagation comme étant la vitesse du courant lui-même, et ils voient là une preuve que l'électricité est différente de la matière : « Courant électrique et courant hydraulique, dit l'un « d'eux, sont au fond des choses bien différentes. La vitesse du « courant électrique ne dépend pas de la différence de poten- « tiel, elle est toujours de 300.000 kilomètres par seconde. » Or, c'est là la vitesse de propagation, et loin d'établir une différence, elle affirme la ressemblance de l'électricité avec les divers états de la matière. Je dois ajouter que la distinction entre l'onde et le flux n'a pas davantage été faite en ce qui concerne les courants hydrauliques et les courants gazeux quoique ici elle soit manifeste.

Une particularité troublante accompagne la vitesse de propagation, et apparaît inexplicable et même absurde au premier abord, c'est la suivante. Bien que la vitesse d'un courant soit variable, on retrouve toujours ce courant, que ce soit celui d'une pile où celui d'une dynamo, en chaque point de l'onde. Ainsi lorsqu'au moyen d'une simple pile on opère une décomposition électrolytique par le moyen d'un long fil conducteur, on voit l'électrolyse se produire presque instantanément à l'autre bout du fil. A quoi tient cette apparente anomalie bien faite pour déconcerter l'esprit et faire croire que véritablement l'électricité se meut toujours à la vitesse de 300.000 kilomètres par seconde ? Seule la considération du courant hydraulique pourra éclaircir ce mystère.

En un point d'une canalisation, propulsons de l'eau à raison de $0^m,10$ par seconde par exemple, au bout d'une seconde nous retrouverons ces $0^m,10$ d'eau 1.435 mètres plus loin ; ils auront voyagé à la vitesse de l'onde de propagation dans l'eau. De sorte qu'on pourrait prétendre avec toute apparence de raison que la vitesse de l'eau dans un courant est toujours de 1.435 mètres par seconde.

Les trois particularités : de la vitesse de propagation d'un courant, de la vitesse du courant lui-même, et du courant se retrouvant en tout point de l'onde suffiraient, à défaut d'autres, à établir l'identité des courants électriques et des courants hydrauliques ; et de fait, cette identité, on la retrouve partout, non seulement dans les courants électriques, mais dans l'électricité tout entière en se plaçant bien entendu dans les mêmes conditions, conditions qui, il est vrai, ne sont pas toujours faciles à démêler.

La distinction dans un courant électrique, de l'onde de propagation du courant d'avec le courant lui-même n'est pas une simple curiosité ; elle est au contraire d'importance capitale pour rendre compte de nombreux phénomènes : du croisement de deux dépêches télégraphiques lancées simultanément dans les deux sens par exemple, phénomène singulier qui serait absurde si on ne considérait que le courant, et qui au contraire devient parfaitement clair si on fait intervenir l'onde de propagation.

La considération de l'onde est également indispensable pour

reconnaître ce qui différencie le magnétisme de l'électricité, chose qu'on n'a pu faire jusqu'ici. La question en est en effet restée au point où l'a laissée Ampère, lequel avait bien saisi cette différence, mais sans pouvoir en trouver la cause

La distinction entre le courant et l'onde doit encore servir à mettre fin à des interprétations erronées et abusives, l'attribution par exemple de vitesses de l'ordre de celles de la lumière à des particules de matière ; on est ainsi arrivé à douer des particules infimes d'énergies énormes, invraisemblables ; c'est ainsi que Lodge avance que 1 milligramme de matière se mouvant à la vitesse de la lumière, soit 300.000 kilomètres par seconde, possède une énergie de 4 milliards et demi de kilogrammètres ; pour 1 gramme animé de la même vitesse, Crookes conclut à une énergie capable d'élever la flotte britannique au sommet du Ben-Nevis ; pour 1 gramme de cuivre doué de la même vitesse, Gustave Lebon dit que l'énergie y contenue serait suffisante pour faire faire à un train de marchandises 4 fois le tour du globe, or 300.000 kilomètres est la vitesse d'une onde lumineuse et non celle d'une matière bien qu'elle soit considérée comme telle. « La vitesse de la lumière, dit Lucien « Poincaré, nous apparaît comme la valeur maxima de la « vitesse qui pourrait être donnée à un corps matériel. »

Ce n'est pas tout. Comme on n'aperçoit pas où réside l'énergie dans un courant électrique, on a eu l'idée qu'elle était contenue dans l'atome d'électricité, le fameux électron dont la masse serait 1.000 fois moindre que celle de l'atome d'hydrogène, mais qui par compensation se mouvrait à la vitesse de 300.000 kilomètres par seconde. Cependant, comme on n'arrivait pas encore à une énergie suffisante, on a décidé qu'à partir d'une certaine vitesse l'énergie s'accélérait et on a conclu à l'existence de deux mécaniques, celle que nous connaissons dans laquelle l'énergie est représentée par $1/2 MV^2$, laquelle continuerait à s'appliquer aux vitesses ordinaires, même à celle des corps célestes, et une deuxième mécanique dite électronique dans laquelle V^2 serait remplacé par V^3, V^4, ... on ne sait exactement. « Il serait prématuré, avance H. Poin-« caré, malgré la grande valeur des arguments et des faits « dirigés contre la mécanique classique de la condamner défi-

« nitivement ; elle restera la mécanique des vitesses très petites
« par rapport à la vitesse de la lumière. »

Remarquons que les vitesses des corps célestes quoique se chiffrant par centaines de kilomètres à la seconde, sont classées parmi
les vitesses très petites ; sur cette pente on peut aller fort loin.

Dans l'ouvrage que je fais paraître aujourd'hui et qui dans
mon intention devait se réduire à un simple opuscule, je me propose d'expliquer le processus du croisement de deux dépêches
et ce qui différencie les aimants des courants. Pour ce faire, je
n'aurai besoin de recourir à aucune hypothèse ; pour expliquer
les autres phénomènes, au contraire, une hypothèse sera nécessaire, mais une seule, à savoir une forme gauche ou dissymétrique des molécules. Cette hypothèse d'ailleurs ne fera
qu'étendre à toutes les molécules une particularité que Pasteur a reconnue chez les molécules organiques. Pasteur a en effet
prouvé que toutes les molécules organiques sont gauches et il
les a comparées lui-même à des escaliers tournant les uns à
droite les autres à gauche. J'ai simplement étendu cette
particularité aux molécules inorganiques, et tout prouve la
légitimité de cette extension pour peu qu'on prête attention
aux phénomènes de l'électricité. Je citerai d'ailleurs de nombreuses expériences qui mettront en évidence la forme hélicoïdale de la molécule.

Mais en quoi consiste cette dissymétrie ? Considérons les
mille poussières qui voltigent dans un rayon de soleil, lorsque
l'une d'elles est assez grosse, on la voit parfois tomber en
tourbillonnant, cela est dû à sa forme gauche, si elle était
sphérique elle tomberait en ligne droite : c'est précisément ce
mouvement tourbillonnaire ou hélicoïdal de la molécule gauche
qui est la cause des phénomènes de l'électricité et d'autres
nombreux phénomènes.

Cette forme dissymétrique suffit à expliquer tous les phénomènes de l'électricité, le processus du courant électrique, l'onde
de propagation de ce courant, les lignes de force électriques et
magnétiques, les champs électromagnétiques, les phénomènes
d'attraction et de répulsion ; et oserai-je dire l'attraction gravifique elle-même qui s'exerce entre tous les corps de l'univers.

La gravitation a été mise jusqu'ici au-dessus de l'entendement humain ; Laplace se demandait si elle n'est pas une loi primordiale de la nature, et Arago si elle n'est pas une simple propriété de la matière ; quant à Auguste Comte il jetait l'anathème sur ceux qui seraient assez osés pour entreprendre une pareille recherche.

Or, qu'est-ce que les propriétés de la matière ? et qu'est-ce que les lois primordiales de la nature ? Il y aurait donc en dehors des processus naturels, des qualités occultes, des causes surnaturelles échappant à la raison ; je n'ai pas besoin de dire que telle n'est pas ma pensée.

Derrière tous les phénomènes physiques il y a des causes physiques et le processus de ces causes est partout mécanique : cela est vrai pour la lumière, pour la chaleur, pour le son ; cela est vrai aussi pour les phénomènes électriques comme j'espère le démontrer.

Malheureusement l'état d'esprit qui consiste à admettre des qualités occultes n'a pas disparu de la science, on peut même affirmer qu'il sévit en ce moment avec une intensité toute particulière. Un autre travers consiste à intercaler dans une explication l'énoncé de lois diverses, loi de Lenz, deuxième principe de la thermodynamique, on dit qu'un phénomène se produit en vertu du principe de Carnot, etc. Or ces intrusions interrompent la chaîne du raisonnement et empêchent d'aboutir à une explication claire des phénomènes.

Souvent encore on se contente de mots en guise d'explications, on dira qu'une action est catalytique. On emploie les mots de polarité et de polarisation sans y attacher aucune signification précise. On parle d'impédance, de force électromotrice, de force coercitive, etc., ce qui rappelle de très près la fameuse vertu dormitive de l'opium.

D'autres fois, pour expliquer un phénomène ou une particularité, on imagine une hypothèse aussi compliquée et parfois bien davantage que ce qu'il s'agit d'expliquer ; ainsi, pour expliquer l'électricité et même la matière, on a imaginé des électrons doués de propriétés d'attraction et de répulsion. — Le magnétisme étant quelque peu différent de l'électricité, quelques auteurs ont pour la circonstance remplacé les **électrons** par des **magnétons**.

Une particularité de la polarisation de la lumière n'ayant pu être expliquée, on a imaginé que les vibrations lumineuses au lieu d'être longitudinales comme celles du son étaient transversales, or ces vibrations transversales ont été qualifiées par Laplace et Arago d'absurdité mécanique, d'autant que pour de pareilles ondes Maxwell a démontré que l'éther devrait être plus dur que le plus dur acier. Pour éviter une difficulté on est tombé dans une bien plus grande.

Ces impossibilités n'ont pas empêché la théorie des ondes lumineuses transversales de faire leur chemin et même de s'imposer à la science ; bien plus, on avait reconnu que les ondes lumineuses se comportaient comme les ondes sonores, ce qui avait grandement facilité leur compréhension ; il est admis aujourd'hui que les ondes lumineuses sont de nature électromagnétique ; or tout le monde ignore ce que c'est que l'électromagnétisme.

« L'optique tout entière, dit Lodge à la fin de son ouvrage « sur les **Théories modernes de l'électricité,** est maintenant entrée « dans le domaine de l'électricité qui est devenue une science « universelle, et cette conception doit compter parmi les plus « belles découvertes de la fin du xixe siècle. » Or il suffit de lire l'ouvrage de Lodge pour se convaincre que jusqu'ici personne n'a rien compris de l'électricité.

Ces théories ainsi bâties ont néanmoins pris place dans la science ; elles se sont même imposées à l'enseignement officiel d'où il sera aussi difficile de les déloger qu'il le fut autrefois de détrôner le système astronomique de Ptolémée ; les partisans du système de Ptolémée, qui plaçait la Terre au centre de l'Univers, firent avant de se rendre une belle défense ; au fur et à mesure que se révélait une nouvelle anomalie, ils ajoutaient un excentrique ou un épicycle ; ils en avaient ainsi ajouté 79 au moment de la chute du système. C'est en 1543 que fut publié le système de Copernic, qui pour tout esprit non prévenu s'imposait par sa simplicité et sa vraisemblance, en 1633, cependant, l'Inquisition le déclarait encore hérétique et à la fin du xviie siècle, cent cinquante ans après la publication du système de Copernic, la Sorbonne l'enseignait comme une hypothèse commode, mais fausse. L'état d'esprit est le même aujourd'hui. Jamais la science ne fut plus éloignée d'une saine compréhension des phénomènes.

La théorie des deux fluides électriques mise en avant par Dufay a peu à peu fait place à la théorie d'un fluide unique. Certains phénomènes cependant paraissent inexplicables en dehors de l'hypothèse des deux fluides, entre autres le phénomène de l'électrolyse.

Lorsqu'on fait passer un courant électrique dans trois récipients isolés mis en communication par des mèches de coton imbibées d'eau, si les deux récipients extrêmes sont remplis d'eau et celui du milieu d'une solution de chlorure de cuivre, on voit apparaître au pôle négatif du cuivre, et au pôle positif du chlore ; comment expliquer cela sinon par deux courants marchant en sens inverse ; cette particularité, dernier refuge de la théorie des deux fluides, s'explique malgré l'invraisemblance par le processus d'un courant unique ; encore ici la forme gauche de la molécule nous suffira.

Dans tout phénomène il y a trois choses à considérer :

1º D'abord sa **manière d'être** ;

2º Puis la recherche du **pourquoi** ou de la **cause** ;

3º Enfin le **comment** ou le **processus** du phénomène.

Avant d'aborder le pourquoi et le comment, il importe de se bien pénétrer de la manière d'être du phénomène. C'est à cela que se bornent tous les traités et l'enseignement actuel des sciences physiques. Dans ces traités, on consigne des résultats d'expériences, on y décrit les expériences elles-mêmes avec les appareils et les instruments qui ont servi à les réaliser; mais on n'y établit et on ne recherche en général entre les divers phénomènes aucune liaison ; le **pourquoi** et le **comment** ne sont même pas abordés.

Dans mes recherches, j'ai agi d'autre façon. Non seulement je me suis attaché à bien pénétrer la manière d'être des phénomènes, mais j'ai cherché aussi comment les avaient envisagés et interprétés les penseurs qui avaient réfléchi sur ces matières. Cela fait, j'ai abordé la recherche des causes. Or, pour l'électricité une seule cause, et fort simple comme toutes les causes, m'a suffi à tout expliquer.

Les **processus** des phénomènes, quelque compliqués ou contradictoires qu'ils puissent paraître au premier abord, ont tout naturellement découlé de cette cause, de sorte qu'en ce moment je me crois en mesure d'expliquer l'électricité tout entière.

En résumé, voici quels sont les résultats principaux de mes recherches et la conclusion de cette étude poursuivie depuis plusieurs années :

1° **L'électricité est une matière et cette matière n'est autre que l'éther qui emplit l'espace et les intervalles moléculaires.**

2° **L'électricité n'est pas une énergie, pas plus que ne le sont les liquides, les gaz et les solides; mais il y a une énergie électrique comme il y a une énergie hydraulique, une énergie pneumatique, etc., et comme pour ces derniers l'énergie se révèle lorsque l'électricité est en tension ou en mouvement.**

3° **On provoque de l'énergie électrique chaque fois qu'on oriente par un moyen quelconque des molécules dans un corps bon conducteur; si le corps est limité il se produit de l'électricité en tension dite électricité statique; dans un circuit fermé il se produit de l'électricité en mouvement dite électricité dynamique; l'électricité comprimée est dite positive, l'électricité raréfiée est négative.**

4° **La conductibilité électrique d'un corps est due à la faculté d'orientation de ses molécules et à leur faculté de propulsion.**

5° **Les courants électriques se comportent absolument comme les autres courants de matière.**

6° **Dans un circuit fermé, la seule électricité mise en mouvement est celle contenue normalement dans le conducteur lui-même au repos.**

7° **Dans tout courant quel qu'il soit, électrique, hydraulique, pneumatique, etc., il existe deux vitesses, une vitesse de matière laquelle est essentiellement variable et une vitesse de propagation du courant laquelle est toujours la même pour une même matière, et indépendante du courant lui-même.**

Cette propagation est due à une onde et c'est à la vitesse de propagation que se transmet l'énergie.

8° **Bien que la vitesse du courant soit essentiellement variable, on retrouve sans cesse ce courant à la vitesse de l'onde de propagation, résultat d'apparence paradoxale.**

9° **La ligne de force produisant les attractions électriques et** magnétiques n'est autre que l'onde de propagation du courant électrique lorsqu'elle est extériorisée et cette onde est de forme hélicoïdale, ou en forme de tire-bouchon.

10° L'onde de propagation, autrement dit la ligne de force, peut exister indépendamment du courant, mais le courant n'existe pas sans son onde.

11° Ce qui distingue le magnétisme de l'électricité, c'est que dans les courants électriques le courant accompagne toujours la ligne de force, tandis que dans les aimants il n'y a que la ligne de force et pas de courant.

12° L'énergie d'un courant électrique réside dans la rotation des molécules du fil conducteur, et elle se dépense ou se transmet par le champ électromagnétique.

13° L'énergie d'un courant se transmet par l'onde de propagation seule, la présence du courant n'y est nullement nécessaire et il peut être quelconque.

14° Toutes les énergies proviennent de mouvements moléculaires, et ces derniers peuvent se transformer les uns dans les autres.

15° La lumière est due à la fréquence d'ondulations éthérées. La chaleur est due à l'amplitude de ces mêmes ondulations, indépendamment de leur fréquence.

Tout ce qui est contenu dans le présent ouvrage aussi bien que dans ceux qui l'ont précédé est absolument nouveau et se distingue complètement de ce qui a été écrit jusqu'à ce jour.

D'ordinaire, une idée qui triomphe, une découverte, existent en germe dans des idées et des recherches antérieures, dont elles ne sont en quelque sorte que le couronnement ; ici rien de pareil, mes idées procèdent tout entières de moi seul et je n'ai rien eu à glaner dans les ouvrages des divers auteurs, au contraire j'ai eu à me défendre de leurs théories. J'ose même dire que jusqu'ici nul n'a eu l'idée de ce que pouvait être l'électricité.

Pour moi tous les phénomènes sont d'ordre mécanique et ils s'expliquent par les seuls mouvements moléculaires. L'électricité en particulier s'explique par le mouvement de rotation des molécules et leur forme hélicoïdale; par cette genèse toutes les énergies peuvent se transformer les unes dans les autres par le simple changement des mouvements moléculaires.

Cette conception des énergies moléculaires m'a amené à conclure que la chaleur, quoique étant de la même famille que la lumière, ne lui est pas identique ; dans le mouvement de vibration d'une molécule, se rencontrent en effet deux éléments, le **nombre de vibrations par seconde,** lequel **est l'élément lumière, et l'amplitude de la vibration,** laquelle est l'élément **chaleur ;** ces deux éléments de mouvement ne sont pas nécessairement solidaires : une lame courte de diapason vibre un grand nombre de fois par seconde, mais l'amplitude des vibrations peut être plus ou moins forte ; qu'elle soit faible ou forte, c'est le nombre seul de vibrations par seconde qui constitue la hauteur du son ; dans le premier cas le son sera faible, dans le second il sera fort, voilà toute la différence. Il en est de même pour les vibrations moléculaires ; pour un même nombre de vibrations la lumière sera toujours la même, rouge par exemple, mais pour de faibles amplitudes la lumière sera faible, elle sera éclatante pour de fortes amplitudes. Pour les faibles fréquences il peut y avoir chaleur sans qu'il y ait lumière, tout dépend de l'amplitude. Cette distinction entre la chaleur et la lumière n'a jamais été faite.

Ces vues sont simples et nettes, et elles m'ont conduit à des résultats qui ne le sont pas moins. Elles m'ont permis notamment de faire rentrer l'électricité dans la matière et elles m'ont révélé des propriétés de courants jusqu'ici insoupçonnées ou tout au moins inaperçues. Je dirai plus, elles m'ont révélé la physique tout entière ; en tout cas **j'ose dès à présent affirmer que j'ai trouvé la cause des phénomènes de l'électricité,** et cette cause est d'une remarquable simplicité. **Les phénomènes de l'électricité sont dus à la forme dissymétrique des molécules.** S'il ne m'est pas donné d'assister au triomphe de mes idées, je suis assuré qu'elles s'imposeront un jour et ce jour ne saurait être éloigné.

J'ai montré en d'autres pages que les idées nouvelles se sont toujours heurtées à des résistances, même lorsque ces idées émanaient de savants universellement qualifiés, même lorsqu'elles étaient éblouissantes de clarté. Leverrier qui fut le créateur de la météorologie se vit opposer toutes sortes d'entraves, il s'en plaignait amèrement et ajoutait : « En disant ces

12 INTRODUCTION

« choses mon but est de faire comprendre de combien d'entraves
« les ennemis de tout progrès ont toujours soin de l'entourer
« et à quel prix on peut espérer en triompher ». Lorsque cependant le triomphe est obtenu, tout le monde prétend l'avoir
prévu ; lorsque, dit Cl. Bernard, vous aurez découvert quelque
chose, on vous dira tout d'abord que ce n'est pas vrai, et puis
que ce n'est pas nouveau.

Ch. Richet raconte que en collaboration avec Tatin il étu-
diait la question des aéroplanes de 1892 à 1896, un modèle avait
même été construit qui vola sur un parcours de 750 mètres
portant un poids de 40 kilos, « tout le monde dit-il me traita
« de maniaque et m'accabla de railleries, mes maîtres, mes
« élèves, mes amis ; aujourd'hui je ne puis plus rencontrer per-
« sonne qui n'ait prévu l'aviation » : « La **machine volante, lui**
« **dit-on, mais j'y ai toujours cru** ».

J'ai reproduit dans cet ouvrage une explication de l'orientation de l'aiguille aimantée. Cette orientation est de nature
purement mécanique, et elle est d'une telle simplicité que,
malgré que je n'ignore pas l'esprit de résistance de la science,
je suis surpris qu'elle n'ait attiré l'attention d'aucun savant.
L'aiguille aimantée doit son orientation au mouvement de rotation
de la Terre.

Je n'ai, dans mon ouvrage, eu recours à aucun calcul,
non pas que je les dédaigne ou que j'en conteste l'utilité,
nul plus que moi n'admire leur puissance et leur ingéniosité ;
mais les calculs ne peuvent servir qu'à déduire des conséquences, il faut au préalable leur fournir un principe qui
leur serve de support, or ce sont les principes eux-mêmes
que j'ai eu en vue d'expliquer.

Mon ouvrage contiendra de nombreuses répétitions, je prie
le lecteur de vouloir bien les excuser, j'ai sacrifié la forme à
la clarté.

COURANTS ÉLECTRIQUES

VITESSE DE PROPAGATION DU COURANT ÉLECTRIQUE

J'ai déjà traité cette question dans un opuscule précédent paru en 1914 sous le titre : **Courants électriques. Courants hydrauliques.** J'en ai repris quelques points dans l'introduction du présent ouvrage et je me propose d'exposer ici quelques précisions nouvelles ; les lecteurs qui n'auraient pas eu connaissance de l'opuscule de 1914 seront ainsi mis au courant.

Les physiciens ont si peu fait la distinction entre le courant et la propagation du courant, que leur premier mouvement, lorsqu'on leur parle de cette distinction, est la surprise.

Voici l'exemple que j'ai choisi pour bien mettre en évidence ces deux manières d'être des courants.

Considérons une rangée de billes, de bois, de marbre, d'acier, etc. ; par derrière je lance une bille A, aussitôt à l'autre extrémité la dernière bille C part avec la vitesse de la bille heurtante ; on constate tout d'abord que **l'énergie s'est transmise à une grande vitesse, tandis que le déplacement de matière est resté faible.**

Mais où se trouve ici le courant de matière ? Suivant l'importance de l'énergie communiquée par la bille A, toute la rangée BC a été plus ou moins poussée ; si elle s'est avancée d'une bille et que B soit venue en B', la vitesse de la matière sera BB'. Mais il y a une remarque importante à faire : quoique la vitesse BB' du courant soit faible, toute la colonne de billes a été poussée et chacune d'elles s'est avancée de la même quantité BB' à la vitesse de l'onde; dans les courants hydrauliques par exemple, on retrouve, à 1,435 mètres au bout d'une seconde, et le courant et la pression, c'est-à-dire les deux facteurs de l'énergie.

Le courant de matière pourrait être insignifiant, il pourrait même être nul que la vitesse de propagation resterait la même, ainsi la rangée de billes pourrait ne pas avancer du tout, la transmission du choc ne s'effectuerait pas moins et avec la même vitesse.

Ces considérations qui paraissent très simples quand on en a lu l'explication prêtent, malgré leur simplicité à de profondes réflexions, ce sont elles qui m'ont conduit à expliquer le croisement de deux dépêches dans un fil télégraphique, et à démêler ce qui distingue le Magnétisme de l'Électricité.

La propagation se fait par le moyen d'une onde, or qu'est ici cette onde ? elle est manifestement formée par des compressions et des dilatations successives aux points de contact des billes, lesquels points de contact se trouvent dès lors être des nœuds.

Lorsqu'il n'y a pas courant, c'est-à-dire progression de matière, l'onde subsiste seule, c'est le cas de la rangée de billes restant immobile. L'onde peut donc subsister indépendamment du courant, et c'est elle seule qui assure la transmission de l'énergie, le courant semble même jouer un rôle parasitaire en absorbant une énergie inutile.

Remarquons bien que dans une onde, une seule bille est intéressée à la fois : aussitôt qu'elle a reçu le choc, elle se comprime, puis en se dilatant elle transmet ce choc à la bille suivante, cela fait, elle se remet instantanément au repos ; de sorte qu'une onde nouvelle dirigée dans un sens quelconque, en travers par exemple, pourra reprendre cette bille sans nuire en rien à l'onde précédente ni à celle qui pourra suivre ; d'où l'on voit que des ondes peuvent s'entre-croiser sans se contrarier.

Si les billes sont en bois, la vitesse de propagation sera liée à l'élasticité du bois; si elles sont en marbre, l'élasticité y étant plus grande que celle du bois, la vitesse sera plus grande aussi; elle sera plus grande encore avec des billes d'acier.

Les billes n'ont pas besoin de se toucher pour que le phénomène de la propagation se produise, c'est le cas des molécules
gazeuses ; les molécules se heurteront alors les unes les autres, et
après le choc chacune d'elles reprendra le repos ; la vitesse de

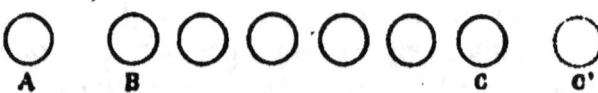

propagation sera moindre que si elles étaient au contact, voilà
tout ; en réalité les molécules ne se touchent jamais, même dans
les corps solides les plus compacts. Dans mon petit ouvrage
de 1914 j'ai examiné les cas de la propagation dans les liquides
et les gaz ; je les ai reconnus en tout semblables au cas des
billes. Je ne les reprendrai pas ici.

D'une manière générale toutes les ondulations se comportent
d'égale façon et partout l'énergie est transmise à la vitesse
de l'onde, c'est ainsi que la chaleur est transmise du Soleil à
la Terre à la vitesse de 300.000 kilomètres par seconde qui est
aussi la vitesse des ondulations lumineuses.

L'exemple que je viens d'analyser est celui d'une onde longitudinale, celle qui se produit dans un fil conducteur, la seule
qui nous intéresse par conséquent au point de vue des phénomènes que nous avons en vue d'examiner.

**La vitesse de propagation est indépendante de l'éner-
gie de l'impulsion.** — Approfondissons encore cette question
si importante de la propagation, en examinant le point suivant.

Comment se peut-il faire que dans notre
rangée de billes la propagation ne soit pas
plus rapide lorsqu'on lui applique un choc
énergique, que lorsque ce choc est affaibli ?
Il y a là quelque chose qui déconcerte l'esprit ; la surprise va cesser en analysant le
mécanisme de la vibration.

Comme toujours procédons du simple au
composé et prenons des exemples qui nous
soient familiers ; considérons tout d'abord le pendule. On sait

depuis Galilée que dans un pendule les oscillations sont d'égale
durée, que leur amplitude soit forte ou faible, qu'elle soit AA'
ou BB', à la condition toutefois de ne pas dépasser une certaine

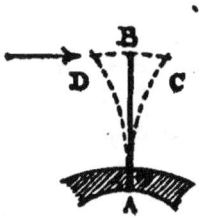

limite ; dans le cas d'une grande amplitude,
le chemin à parcourir est plus long il est
vrai que dans celui d'une petite ; mais ce
chemin est parcouru avec une plus grande
rapidité de sorte que dans les deux cas la
durée de l'oscillation reste la même.

Si nous considérons maintenant une lame
vibrante, le phénomène sera semblable. Qu'on écarte la lame
plus ou moins, la durée de la vibration reste la même, les vibrations sont isochrones. A une grande amplitude, en effet,
correspond une grande vitesse d'incursion ; à une petite
amplitude correspond une petite vitesse. Dans les deux cas
il y a comme précédemment égalité de durée de la vibration.

Le cas des billes est de même nature ; si nous examinons le
processus de l'onde dont elles sont le
siège, nous reconnaissons, en effet, que
chaque bille, comprimée par le choc en
arrière, se dilate en avant, et c'est
cette dilatation qui, comprimant à son tour la bille suivante,
propage le choc.

C'est donc par une succession de compressions que l'onde se
propage. Si la compression est forte la vitesse de compression
sera forte également ; si la compression est faible la vitesse sera
faible, de sorte que dans les deux cas le temps mis à la transmission sera le même ; en un mot les vibrations des billes sont
isochrones comme le sont celles d'un pendule et celles d'une
lame vibrante, et pour les mêmes motifs ; les formules d'ailleurs sont les mêmes dans les trois cas, les formules il est vrai
n'expliquent pas, elles ne font que constater.

La durée de l'oscillation varie bien entendu avec le diamètre
des billes, comme elle varie avec la longueur du pendule et
avec celle de la lame vibrante. La vitesse de la propagation
dépendant de la qualité seule de la matière qui constitue le
milieu, et chaque bille émettant une vibration, l'onde com-

prendra d'autant plus de vibrations que les billes seront plus petites. On voit d'ici que lorsque les billes seront réduites à de simples molécules, le nombre de vibrations par seconde devra être fort élevé.

Lorsqu'il s'agit d'une lame vibrante, l'oscillation ou vibration varie avec l'élasticité de la lame, elle est plus rapide avec une lame d'acier qu'avec une lame de cuivre, et plus rapide avec cette dernière qu'avec une lame de plomb ; il en sera identiquement de même pour les billes ; plus la matière en sera élastique et plus sera rapide la propagation.

On voit d'ici en quoi consiste l'élasticité, c'est la faculté pour un corps de reprendre plus ou moins fidèlement et plus ou moins rapidement sa forme et sa position premières. Une lame de plomb est moins élastique qu'une lame d'acier, parce que celle-ci reprend vite et intégralement sa position et sa forme, tandis que la lame de plomb revient paresseusement sur elle-même et reste même déformée.

Naturellement plus la vibration de la molécule est rapide, et plus est rapide aussi la vitesse de l'onde puisque cette dernière est composée de l'ensemble des vibrations moléculaires : la formule de la vitesse de l'onde dans un milieu quelconque est $\pi \sqrt{\dfrac{\text{élasticité}}{\text{densité}}}$, π étant un cofficient quelconque. Je m'excuse d'introduire dans mon exposé une formule mathématique, c'est la première fois et ce sera sans doute la dernière ; si j'y ai recours c'est pour expliquer la grande vitesse de propagation des ondes dans l'éther, à savoir 300.000 kilomètres par seconde ; cette vitesse s'explique en effet, par la faible densité de l'éther, qui est presque nulle ; si elle était tout à fait nulle la vitesse de propagation y serait infinie quelle que fût d'ailleurs son élasticité.

On se demande souvent à quoi est dû le courant électrique. Les uns prétendent que c'est un écoulement de fluide, d'autres tiennent pour des ondulations ou vibrations. Notre étude fait ressortir qu'il y a à la fois écoulement et ondulation ou onde de propagation comme dans tous les courants connus d'ailleurs.

J'ai la conviction que partout où des auteurs ont vu des vitesses de 300.000 kilomètres par seconde ou des vitesses du même ordre, radio-activité, rayons cathodiques, etc., ces auteurs ont confondu la vitesse de l'onde avec celle de la matière ; nulle matière ne se meut à de pareilles vitesses ; on voit d'ici les conséquences d'une pareille confusion, on attribue à des particules infimes de matière des quantités énormes d'énergie.

QU'EST-CE QUE L'ÉLECTRICITÉ

J'ai montré que l'électricité se comportait comme une matière et j'ai conclu que cette matière n'était autre chose que l'éther qui emplit l'espace, le même qui transmet les ondes lumineuses et calorifiques ; j'avoue qu'ici je fais une hypothèse, mais je la fais en bonne compagnie, en celle de Fresnel et de presque tous les physiciens ; cette hypothèse d'ailleurs est justifiée par le fait que la propagation électrique a lieu à ia même vitesse que les propagations lumineuses et calorifiques, elle est démontrée en outre pour ce qui concerne les courants par les considérations suivantes.

Supposons un tuyau continu plongé dans l'atmosphère, en un point de ce tuyau introduisons un propulseur, que propulsera-t-il ? un courant gazeux évidemment, c'est-à-dire un courant du fluide dans lequel il est plongé sans qu'on ait eu besoin de l'y introduire au préalable ; si au lieu de l'air notre tuyau continu est plongé dans l'eau, le propulseur propulsera un courant d'eau, car sans doute ce tuyau qui n'était pas parfaitement étanche se sera à la longue rempli d'eau.

Opérons de même avec un fil métallique formant circuit continu, quel est le fluide qui est susceptible de remplir ce fil, ce ne peut être que l'éther dans lequel il est plongé; le courant qui sera mis en mouvement ne saurait donc être qu'un courant d'éther : « Autant qu'on peut en juger, dit Becquerel, l'électricité « du courant électrique provient de celle qui était en repos dans « le fil conducteur. »

D'ailleurs que l'électricité soit ou non l'éther, cela n'influe en rien sur ce que j'ai déjà dit et sur ce qui me reste à dire.

Electricités positive et négative. — L'électricité étant un fluide ou du moins se comportant comme un fluide, et comme un fluide gazeux, cela fixe tout de suite la signification des qualités et des expressions positive et négative ; l'**électricité comprimée ou accumulée est de l'électricité positive** ; l'**électricité raréfiée est de l'électricité négative**; chaque fois qu'en un point on retire de l'électricité, on la retrouve en excès dans un autre point, c'est bien là une preuve de la nature matérielle de l'électricité.

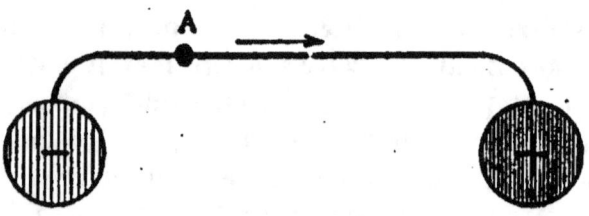

Si on aspire de l'air d'un récipient clos et qu'on le comprime dans un autre, en mettant ensuite en communication les deux récipients par un tube, ils se remettront à la tension neutre ; c'est cela même qui se produit en électricité ; lorsqu'on aspire de l'électricité d'une masse métallique et qu'on la refoule dans une autre, en isolant les deux masses puis les mettant en communication par un fil métallique, l'électricité se remet à l'état neutre.

Les électricités accumulées ou raréfiées sont dites électricités **statiques,** parce qu'elles sont au repos ; dans les courants, au contraire, l'électricité est en mouvement, c'est alors de l'électricité **dynamique** ; tout de suite on aperçoit que électricité statique et électricité dynamique ne sont qu'un seul et même fluide sous deux états différents.

On produit de l'électricité chaque fois que dans un corps bon conducteur on provoque une orientation de molécules. Si le corps est limité, l'électricité est statique ; s'il forme un circuit continu, l'électricité est dynamique.

L'identité des phénomènes électriques avec ceux produits chez les gaz se poursuit jusque dans les moindres détails ; lorsqu'après avoir comprimé du gaz dans l'un des réservoirs et l'avoir raréfié dans l'autre le propulseur s'arrête, c'est sous l'effet de la différence de tension dans les deux réservoirs ; mais, si nous mettons le réservoir + en communication avec l'atmosphère, la tension et par suite la résistance y ayant disparu le propulseur se remettra en marche et nous obtiendrons une plus grande raréfaction dans l'autre réservoir. En agissant de même sur le réservoir —, on obtiendrait de l'air davantage comprimé dans le réservoir +.

Nous obtenons les mêmes résultats et par les mêmes moyens en électricité : dans une machine électrostatique de Ramsden par exemple, on peut recueillir les deux sortes d'électricité + et —, mais si on veut recueillir seulement l'une d'elles en plus grande quantité, il faudra mettre l'autre réservoir en communication avec la terre.

Il en sera de même dans un condensateur ; en mettant une des armatures en communication avec la terre par le moyen d'une chaîne, on condense davantage l'électricité dans l'autre armature.

TRANSMISSION SIMULTANÉE DE DEUX DÉPÊCHES EN SENS CONTRAIRES PAR UN FIL TÉLÉGRAPHIQUE

On utilise en télégraphie une particularité curieuse, connue sous le nom de système **Diplex**. Cette particularité est la suivante : un fil télégraphique relie deux stations A, B, de A et de B, on lance simultanément deux dépêches, ces dépêches se croisent et arrivent parfaitement à leur destination.

A $\longrightarrow$ $\longleftarrow$ B

De prime abord il paraît y avoir là un fait paradoxal, invraisemblable, et la considération du courant électrique seul est impuissante à l'expliquer. Voici l'explication qu'en donne un des savants les plus autorisés en la matière, dans un ouvrage sur la télégraphie, paru en 1910, destiné aux élèves de l'école de télégraphie : « Les deux manipulateurs étant abaissés simulta-

« nément aucun courant ne parcourt le fil. Ainsi, pendant
« l'abaissement simultané des manipulateurs, chaque pile déter-
« mine l'attraction de la palette du récepteur de son propre
« poste.

« Les deux manipulateurs peuvent donc être actionnés si-
« multanément, et chaque récepteur traduira par les attractions
« de sa palette les mouvements même imprimés au manipula-
« teur du poste correspondant. La transmission **Diplex** est
« donc assurée. »

J'ai tenu à citer textuellement l'explication de l'auteur pour
ne pas courir le risque de la dénaturer. Cette explication est, on
l'avouera, quelque peu confuse ; ce qui en ressort c'est que dans
le fil il n'y a pas de courant, et que ce n'est pas la pile du poste
B qui actionne le récepteur du poste A pour lui envoyer sa
dépêche ; mais c'est la pile du poste A lui-même qui actionne
son propre récepteur ; c'est le manipulateur de B qui envoie la
dépêche, mais c'est la pile de A qui la transmet au récepteur A.

Depuis longtemps j'avais lu pareille explication dans
d'autres ouvrages et je n'étais pas parvenu à la comprendre ;
mais je n'en attribuais le défaut qu'à moi-même ; d'autant plus
que ce semblant d'explication est devenu pour ainsi dire classique.

Aujourd'hui je vois plus clair ; l'incompréhension du phénomène de croisement vient de ce fait que dans le courant électrique, la science ne voit qu'un courant, et dans cette vue, en
effet, deux courants qui se rencontrent de front se contrarient
et s'immobilisent ; mais comme les dépêches passent tout de
même il a fallu vaille que vaille imaginer une explication, et on a
imaginé celle qui précède. La vérité la voici. Dans le fil Diplex,
il n'y a plus de courant il est vrai, les deux courants opposés
se contrariant, mais les ondes de propagation continuent
néanmoins à cheminer. Or ce sont ces ondes qui, comme nous
l'avons déjà reconnu, transmettent l'énergie. Mais cela demande
à être plus explicitement mis en relief.

Reprenons notre rangée de billes. Aux deux extrémités A, B
se produisent simultanément deux chocs ; le courant sera nul
nous l'avons reconnu, et l'immobilité des billes nous le
confirme, mais de part et d'autre se produit une onde de

propagation qui se transmet par compressions et dilatations successives de chaque bille. L'onde partie de A parcourt successivement la moitié des billes de son côté, l'onde venant de B parcourt l'autre moitié de la rangée et les deux ondes se rencontrent en MN.

Je pourrais m'en tenir là et invoquer le principe de l'indépendance des ondes. Je ne le ferai pas et je poursuivrai la démonstration directe de cette indépendance, démonstration qui sera d'ailleurs fort courte.

Qu'arrive-t-il dans un choc entre deux corps ? C'est que ces deux corps échangent leur énergie, l'énergie possédée par N, c'est-à-dire l'énergie provenant de B, passera à la bille M et inversement, les deux dépêches se croiseront donc et sur des millions de molécules, deux molécules seules seront intéressées ; si le croisement se faisait sur une seule bille le processus serait le même.

Pour mettre davantage en relief le croisement des ondes, considérons à nouveau la rangée de billes; lançons simultanément une bille à grande vitesse du côté A et une bille à petite vitesse du côté B, aussitôt les billes repartiront aux extrémités opposées avec des vitesses contraires, faible du côté A, forte du côté B, les dépêches se seront croisées.

Il est un écueil à éviter en pratique ; comme la dépêche au départ de la station A pourrait influencer l'appareil récepteur du même côté A, il y a lieu de le masquer, ce qui se fait par le moyen d'un simple artifice de construction.

De l'explication qui précède n'est-on pas fondé à conclure, que c'est par hasard et à la suite de tâtonnements, que le système Duplex a été trouvé, car l'explication qu'on en donne prouve surabondamment le défaut de toute idée directrice; bien plus, en dehors de la considération de l'onde de propagation jusqu'ici insoupçonnée, l'idée du Duplex paraît invraisemblable et même absurde.

Chose singulière qui tient peut-être à l'incompréhension du mécanisme du croisement, la télégraphie n'utilise pas ou utilise peu cette faculté que possèdent les fils de transmettre des dépêches simultanées, soit dans le même sens, soit en sens contraires; il y a là cependant une idée originale et féconde à exploiter comme je le démontrerai à la fin de mon ouvrage; et sans doute les appareils de transmission et de réception qui paraissent actuellement constituer la principale difficulté seront fort simples, comme cela a lieu pour le téléphone et le phonographe.

On va souvent chercher fort loin une solution que l'on a sous la main. En 1804, fut créée la première locomotive sur rail. On fut arrêté dès l'abord par la considération théorique que jamais la locomotive ne pourrait entraîner un train faute d'adhérence, les roues patineraient; dès lors on s'ingénia à rechercher des dispositifs capables de procurer cette adhérence; rails et roues à crémaillère; locomotive se halant au moyen de câbles; un inventeur même, Brunton, adapta à sa locomotive deux béquilles venant appuyer alternativement sur le sol. Enfin, en 1813, un ingénieur s'avisa de faire des expériences sur l'adhérence, il se trouva que la locomotive se suffisait à elle-même sans dispositifs spéciaux. On avait été pendant neuf ans arrêté par une difficulté imaginaire.

Exemple familier de croisement d'ondes — Bien que l'explication du croisement que nous venons d'exposer se comprenne aisément, nous pouvons par un exemple familier le rendre sensible à nos sens.

Aux deux extrémités d'un étang deux personnes A, B font naître chacune une onde. On voit les crêtes de ces ondes s'avancer à la rencontre l'une de l'autre, puis se traverser en conservant leur indépendance. Si la crête A est forte et la crête B faible, l'onde A viendra actionner en B un récepteur en accord avec elle; il en sera de même pour l'onde B qui viendra en A. Les ondes se seront croisées et inscrites à leurs destinations respectives.

Au lieu d'opérer en des points éloignés, les deux expérimentateurs pourraient provoquer leurs ondes au même point A par exemple; ces ondes chemineraient alors dans le même sens, mais toujours en conservant leur indépendance, et chacune viendrait exciter un récepteur approprié; c'est identiquement le processus de la transmission de dépêches simultanées dans le même sens dans le système dit **Diplex**.

Au lieu de deux dépêches simultanées on en pourrait envoyer plusieurs sans plus de difficulté aussi bien dans le même sens qu'en sens contraires.

Si au lieu d'une eau tranquille les ondes se produisaient à la surface d'une eau en mouvement, leur processus n'en serait pas changé.

En lisant une brochure sur la télégraphie multiplex, j'ai trouvé cette affirmation que ce système avait été conçu comme une application de la *théorie des petits mouvements*; théorie suivant laquelle les petits mouvements seraient affranchis des lois de la mécanique. L'exemple des rides qui se croisent à la surface de l'eau ne font cependant pas de distinction entre les petites et les grandes, elles se croisent toutes de la même façon, c'est-à-dire comme le font deux billes lancées l'une contre l'autre, elles ne se traversent pas bien entendu mais elles échangent leur énergie.

CONSTITUTION DE LA MATIÈRE

Comme nous sommes appelés à parler souvent de molécules et d'atomes, il est de toute nécessité que j'expose dès le début ma conception de la constitution de la matière ; je n'envisagerai que les corps homogènes.

Un corps homogène est composé de particules élémentaires appelées molécules, la molécule peut être d'un seul tenant comme chez les corps simples, fer, cuivre, etc.; elle prend alors le nom d'atome; ou bien elle peut elle-même être composée de parties intégrantes ou atomes. Ainsi un morceau de sel gemme homogène est composé de molécules toutes semblables; mais la molécule de sel gemme est formée elle-même de la combinaison de deux atomes de natures différentes, l'un de chlore, l'autre de sodium. La molécule de sucre contient 45 atomes, celle de sulfate de quinine 100 ; il y a des molécules qui sont formées de milliers d'atomes, celle de l'albumine du sang en comprend près de 1.500.

Pour simplifier, nous ne parlerons que de molécules, rien n'en sera changé dans les conséquences auxquelles nous aboutirons et ce que nous dirons des molécules s'appliquera aux atomes. Dans les solides, les molécules ne se touchent pas, puisqu'on peut les comprimer ; les molécules se trouvent donc à une certaine distance les unes des autres maintenues par une force attractive dite cohésion et par une force répulsive ou centrifuge ; on me fera grâce ici des détails que j'aurai l'occasion d'exposer plus loin. Pour se rendre compte de la disposition des molé-

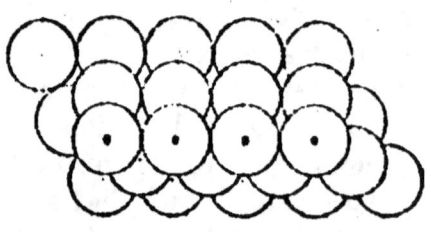

cules dans un corps homogène, il suffit de considérer un empilement de boulets, lequel est bien une disposition homogène ; on verra que chacun d'eux est en contact avec douze autres boulets semblables. Le boulet représente la sphère d'action de la molécule, celle-ci occupant le centre du boulet ou plutôt se mouvant autour de ce centre, car la molécule immobile n'existe pas.

La science a reconnu en effet que les molécules sont animées de mouvements excessivement rapides se chiffrant par trillions à la seconde ; notre imagination ne saurait se représenter une pareille fréquence. Chaque molécule devant se comporter d'égale façon vis-à-vis de chacune des molécules avoisinantes, peut et doit être considérée comme circulant autour d'un centre fictif comme le fait le soleil au regard de chacune des planètes qui gravitent autour de lui ; dans les liquides, au contraire, les molécules se meuvent et se trouvent sans cesse en face de nouvelles molécules. Quels sont les mouvements dont peut être animée une molécule dans un corps solide ? Il ne peut y en avoir que deux, rotation sur elle-même et révolution autour d'un centre, révolution dont le rayon est plus ou moins considérable ; tout cela est commun avec la constitution d'un système solaire, une planète tourne sur elle-même, et elle est animée

d'un mouvement de révolution autour du soleil, le diamètre de
son orbite est également plus ou moins considérable, et tout de
suite nous reconnaissons que la force centrifuge est due à ce
mouvement de révolution; si le mouvement de translation
des planètes venait à s'éteindre, elles tomberaient sur le soleil,
il n'y aurait plus de force centrifuge.

Dans le système solaire, on reconnaît que l'axe de rotation
des planètes n'est nullement lié à leurs mouvements. Pour la
Terre l'axe de rotation est incliné de 23° 27′ sur l'axe du
plan de révolution autour du soleil, pour Mars cette inclinaison est de 28° 42′, pour Jupiter de 3° 6′; les orientations
de ces axes de rotations n'ont aucune liaison avec la constitution du système planétaire; il en est de même pour les
molécules, leur axe de rotation est indépendant de leurs mouvements, et on peut faire varier leur orientation sans que
l'aspect du corps en soit changé; cette propriété est très importante en électricité. La **polarisation** est l'orientation des molécules dans une même direction, et ici le mot de polarisation
prend un sens bien précis et bien déterminé.

Les corps célestes sont sphériques ou à peu près. Quelle est
la forme des molécules? Je l'ai supposée dissymétrique, nous
verrons plus loin pour quel motif. D'ailleurs sphériques elles
sont incapables de rien produire et n'expliquent aucun phénomène; dissymétriques, au contraire, disons tout de suite hélicoïdales aussi légèrement que ce soit, elles les expliquent
tous, elles sont en effet alors douées de **pôles,** et en tournant
sur elles-mêmes sur place elles propulsent et aspirent le fluide
dans lequel elles sont plongées; ici la notion de polarité est
précise, les deux pôles sont bien équivalents en quantité mais
opposés en qualité, car l'un propulse exactement ce que l'autre
aspire. L'un peut donc être qualifié de positif et l'autre de
négatif et l'on voit tout de suite la signification et la portée de
ces termes.

CONSTITUTION DU COURANT ÉLECTRIQUE

Dans mon opuscule de 1914 je me suis borné à faire ressortir l'identité des diverses manières d'être des courants électriques et des courants hydrauliques, et cela sans faire appel à aucune hypothèse concernant la nature de l'électricité ou la cause des phénomènes électriques.

Je rappellerai en quelques lignes, pour les lecteurs qui n'auraient pas pris connaissance de cette publication ou qui n'en auraient plus le souvenir, les particularités des courants électriques mises en regard de celles des courants hydrauliques ; la simple exposition du processus de ces courants suffira à en faire ressortir la parfaite identité. Je n'ai pas besoin de rappeler que

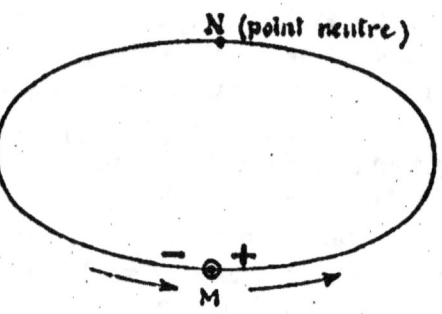

jusqu'ici cette identité n'a pas été reconnue par la science, en dehors de quelques analogies lointaines et de quelques vagues ressemblances.

Si nous considérons un circuit électrique continu avec électromoteur en un point quelconque M, on remarque tout d'abord des phénomènes singuliers qui jusqu'ici ont dérouté tous les physiciens.

D'un côté de l'électromoteur on constate la présence d'électricité positive, et de l'autre côté celle d'électricité négative de valeur rigoureusement équivalente, et cependant, en tous points du circuit, il passe la même quantité d'électricité, et partout cette électricité produit les mêmes effets; en traversant une cuve électrolytique par exemple, l'électrolyse se fait de la même façon, que ce soit le courant positif ou le courant négatif qui traverse la cuve.

Ces particularités du courant électrique étaient tellement incomprises que voici l'explication qu'en fournit Faraday :

Le courant électrique, dit-il, est un axe de puissance constitué par des forces contraires exactement égales en quantité mais dans des directions opposées. D'autres auteurs supposent que le courant électrique est formé de deux courants, partant de l'électromoteur et se mouvant à la rencontre l'un de l'autre, l'un de ces courants serait formé de fluide positif et l'autre de fluide négatif.

Mais poursuivons : la tension ou voltage qui d'un côté de l'électromoteur est + et de l'autre — est neutre au milieu du circuit, et ce point est le dernier mis en mouvement.

Tout cela s'éclaircit si on considère un courant gazeux; car, répétons-le à nouveau, l'électricité ou éther se comporte comme un gaz et est susceptible de compression et de raréfaction.

Dès que le courant gazeux a pris son allure normale, nous reconnaissons, en avant du moteur une propulsion avec compression du gaz naturellement, et par derrière une aspiration du gaz avec raréfaction, ce qui explique les tensions + et — d'égale valeur de chaque côté du propulseur. La propulsion suffirait seule d'ailleurs en dehors de toute compression à expliquer la tension +, et l'aspiration à expliquer la tension —; et de fait ces tensions positives et négatives existent dans les courants hydrauliques à droite et à gauche du moteur. Au milieu du circuit qui est à la limite de la propulsion et de l'aspiration, la tension est naturellement neutre ; enfin le courant étant mis en mouvement simultanément par l'avant et par l'arrière, le point le dernier mis en mouvement est encore ce même point milieu du circuit, en supposant bien entendu le circuit libre de toute résistance. Tout cela est commun avec le processus du courant électrique, mais poursuivons.

Lorsque le courant gazeux éprouve une résistance, la tension s'élève en amont de la résistance, le gaz y est plus comprimé et sa vitesse diminue; en aval, au contraire, la tension diminue, le gaz y est plus raréfié et sa vitesse augmente.

Cependant il passe en tous points du circuit la même quantité de gaz ramené à l'état neutre bien entendu. C'est là une conséquence inéluctable des courants de quelque nature qu'ils soient.

L'assertion qu'il passe en tous points d'un courant la même

quantité de fluide semble de prime abord rien moins qu'évidente. A la réflexion, cependant, l'évidence s'impose ; s'il s'agit par exemple d'une canalisation d'eau ou même d'un cours d'eau, si dans une section A il passe 100 litres par seconde, il est obligé que ces 100 litres aient passé dans les sections précédentes B, C. S'il n'y en était passé

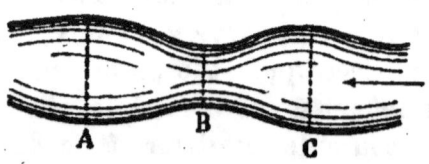

que 90, il n'aurait pas pu en passer 100 en A. Cela implique que dans les étranglements la vitesse doit s'accroître et diminuer au contraire dans les renflements.

Dans le circuit gazeux qui nous occupe, il en est de même ; mais ici le phénomène est masqué par une particularité subsidiaire, à savoir la compression et la dilatation ; on aperçoit de suite cependant que s'il passe 100 litres en un point du circuit, ces 100 litres ont dû passer et passeront par tous les autres points, mais ce sont des litres ramenés à la tension neutre ; la conséquence est que la vitesse du courant sera ralentie dans la partie comprimée ou positive et elle sera accrue dans la partie raréfiée ou négative. Du fait qu'en tous points il passe la même quantité de gaz ramené à l'état neutre, il résulte que les effets produits doivent être partout les mêmes, qu'il s'agisse de la branche **+** ou de la branche **—** ; ces particularités sont exactement celles des courants électriques ; elles les expliquent donc et en font bien saisir le processus.

On se rend compte de la compression et de la raréfaction de l'électricité en avant et en arrière de l'électromoteur dans les conditions suivantes.

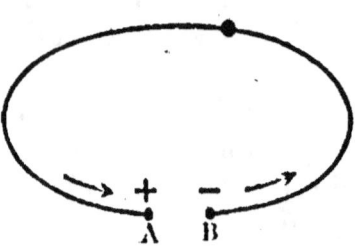

Lorsqu'on coupe un circuit, l'électromoteur continuant à propulser, on trouve de l'électricité **+** à l'état statique à l'une des extrémités et de l'électricité **—** à l'autre extrémité ; la différence des deux tensions mesure la force électromotrice de l'électromoteur. Cela aurait lieu également avec un courant gazeux.

Lorsque le circuit est coupé, l'électromoteur s'arrête, mais il continue néanmoins sa poussée comme le ferait un moteur quelconque, une turbine par exemple, dans les mêmes conditions. Ayant à surmonter une résistance trop considérable, la turbine s'arrêterait en effet, mais la pression d'eau s'exerçant toujours sur elle, elle continuerait à pousser prête à repartir dès que la résistance viendrait à faiblir.

Il y a lieu de remarquer que la poussée exercée par le moteur tant qu'elle ne devient pas effective n'entraîne aucune dépense d'énergie; dans le fil coupé la pile elle-même s'arrête et ne consomme plus rien tant que le circuit n'est pas rétabli.

Pour ce qui concerne les autres particularités des courants électriques, il est indifférent mais plus simple de reprendre les identités hydrauliques.

Si on coupe un circuit d'eau et qu'on fasse plonger les deux coupures dans la mer ou dans un vaste réservoir d'eau, le courant se poursuivra néanmoins, le moteur rejetant de l'eau à la mer par l'une des coupures et en aspirant par l'autre. Si de même on coupe un conducteur électrique en un point quelconque et qu'on fasse plonger les deux extrémités du fil à la terre, réservoir illimité d'éther ou d'électricité, le courant n'est pas pour cela interrompu; de l'électricité est rejetée à la terre par un côté et aspirée par l'autre côté, et c'est à la coupure que se trouve le point de tension neutre. C'est ce qui se pratique en télégraphie où on plonge aux deux stations extrêmes le fil à la terre; on économise ainsi le fil de retour et on dit que le retour du courant se fait par la terre. On voit ce qui en est de ce retour, c'est toujours une électricité nouvelle qui circule dans le fil. Je m'arrête ici, car ce ne sont pas quelques particularités seulement du courant électrique qui lui sont communes avec les autres courants, mais toutes les particularités, et parmi elles la plus troublante et la plus méconnue, la propagation des courants ou de l'énergie électrique.

Dans tout ceci il n'a été besoin de faire aucune hypothèse sur la nature de l'électricité ou sur la cause qui engendre les courants électriques; mais à partir de cet instant et pour expliquer tous les autres phénomènes électriques il sera nécessaire d'en imaginer une, mais une seule, à savoir une forme dissymétrique des molécules. Je ne ferai en cela d'ailleurs, comme je l'ai déjà dit qu'identifier les molécules minérales aux molécules organiques que Pasteur a reconnu ressembler toutes à des escaliers tournant les uns à droite, les autres à gauche. Nous reconnaîtrons tout à l'heure, que, sans jamais avoir aperçu de molécules, ce qui sera toujours hors de notre portée, tout prouve leur dissymétrie.

Le processus du courant électrique que je viens d'exposer ne figure nulle part, sans quoi on eût reconnu immédiatement son identité avec les courants hydrauliques, alors qu'au contraire on affirme leur dissemblance, en dehors de quelques analogies que l'on déclare être fortuites, et auxquelles on recommande de ne pas trop s'arrêter.

MÉCANISME DU COURANT ÉLECTRIQUE

Nous venons de voir le processus du courant électrique, recherchons maintenant son mécanisme, et, si possible, la cause qui le met en mouvement.

Considérons un circuit électrique continu formé par un fil métallique, en un point se trouve un électromoteur ou toute autre cause susceptible de provoquer dans le fil une poussée d'éther ou d'électricité. Quel sera sur les molécules du fil l'effet de cette poussée ?

Imaginons un cours d'eau au fond et aux bords duquel sont fixés par une extrémité, des filaments, la première poussée d'eau orientera tous ces filaments dans le sens du courant à la vitesse de l'onde liquide, soit 1.435 mètres par seconde; il en sera de même dans notre fil métallique; les molécules étant libres de s'orienter en tous sens, de plus étant de forme hélicoïdale et déjà pourvues de rotation, seront orientées dans le sens de la poussée et cette orientation s'effectuera à la vitesse de l'onde de propagation, soit 300.000 kilomètres par seconde.

En outre de l'orientation, la première poussée communiquera aux molécules l'énergie dont elle est pourvue, c'est-à-dire l'énergie de l'électromoteur ; de sorte qu'en tous points d'un circuit électrique on pourra recueillir de l'énergie, et cette énergie sera transmise à la vitesse de l'onde.

Ces particularités sont vraies non seulement pour les courants électriques, mais pour tous les courants quels qu'ils soient.

Ce processus, d'une parfaite évidence après qu'on l'a reconnu, exige néanmoins de profondes réflexions pour être bien saisi ; aussi, malgré sa simplicité, on conçoit qu'il n'ait pas été démêlé jusqu'à ce jour.

Le processus du courant électrique que je viens d'exposer attribue aux molécules des conducteurs électriques un rôle non pas inerte, mais essentiellement actif, je dirai même prépondérant contrairement à ce que dit Lodge ; cet auteur prétend en effet que « la représentation la plus simple du courant « électrique est de supposer qu'un fil conduit l'électricité « comme un tuyau rempli de sable conduit l'eau ». Lodge ajoute, il est vrai, que si cette assimilation suffit à expliquer certains faits, elle ne les explique pas tous ; j'ajouterai à mon tour que considérer les molécules du conducteur comme inertes serait leur attribuer un rôle non seulement passif mais un rôle d'obstruction.

En réponse à l'allégation contenue dans mon opuscule de 1914 que jusqu'ici nul n'avait fait la distinction entre le courant électrique et l'onde de propagation ou du moins que nul ne l'avait expliquée, un journal scientifique m'a objecté que c'était là une erreur et que ni Maxwell ni Lodge que j'avais cités n'ignoraient cette distinction. On va juger ce qu'il y a de vrai dans cette affirmation et tout d'abord je ferai observer que j'ai moi-même avancé que ces deux auteurs avaient fait la distinction entre les deux vitesses. Je n'ai rencontré, avais-je dit dans mon opuscule, que chez Lodge une explication de la propagation du courant ; en France nul auteur n'a abordé ce sujet. Or voici ce que dit Lodge dans son ouvrage des **Théories modernes de l'électricité**, traduit par Meylan :

« Les faits de cet ordre n'ont, cela est évident, pas d'ana- « logues dans l'hydraulique. Nous devons soigneusement dis- « tinguer entre le flux de l'électricité (courant) et l'énergie élec- « trique. Ils n'ont pas du tout lieu par la même voie ; quand un « fluide sous pression circule dans un tuyau, le fluide et l'éner-

« gie suivent le même chemin. Avec l'électricité, il en est autre-
« ment ; l'électricité circule bien dans le fil, mais il n'en est pas
« de même de l'énergie ; la pile transmet son énergie non au fil,
« mais au milieu qui entoure le fil ; l'énergie fournie par une
« dynamo se transmet au récepteur non par le fil, mais par
« l'air ; l'énergie d'une pile ne nous arrive pas par l'âme d'un
« câble immergé, mais par l'eau dans laquelle ce câble est
« plongé. »

Et ailleurs « c'est une curieuse fonction que remplit le fil
« télégraphique, il ne conduit pas les impulsions, il ne fait que
« les diriger... »

Ainsi donc, d'après Lodge, le courant suivrait le fil, mais
l'énergie électrique se transmettrait par le dehors à la vitesse de
300.000 kilomètres par seconde, le courant voyageant d'une façon et l'énergie d'autre façon, l'un d'un côté, l'autre de l'autre.
Est-ce là vraiment une explication et peut-on prétendre après
cela que la propagation du courant a été expliquée ? Ce qui
ressort de cette explication, c'est que Lodge a considéré la
propagation comme une chose particulière au seul courant
électrique, s'il l'avait aperçue dans les autres courants il aurait
renoncé à une explication qui n'avait aucune raison d'être.

Mais Lodge a pris soin lui-même d'exclure toute analogie de
ce genre, « ce fait, dit-il, n'a, cela est évident, pas d'analogue
« dans l'hydraulique ». Mais une première difficulté se présente, si la propagation se fait par l'extérieur la vitesse de
propagation doit être uniformément de 300.000 kilomètres
par seconde quelle que soit la nature du fil conducteur; or
on trouve que cette propagation s'effectue dans un fil de
fer à la vitesse de 100.000, et dans un fil de cuivre à la
vitesse de 180.000. Pour expliquer cette prétendue anomalie,
H. Poincaré prétend que ces vitesses mesurées sont des
vitesses moyennes entre une tête et une queue de colonne,
mais la vitesse de la tête doit bien être toujours de 300.000,
c'est, on l'avouera, un peu subtil; pour la commodité de
l'exposition, je parlerai toujours d'une vitesse de propagation
de 300.000 kilomètres par seconde même lorsqu'il s'agira d'un
conducteur métallique quelconque.

La critique à laquelle je viens de répondre justifie les paroles que prononçait Cl. Bernard en un moment d'humour : « **Quand vous aurez découvert quelque chose, on dira d'abord que ce n'est pas vrai, et puis que ce n'est pas nouveau.** »

Ces lignes étaient écrites mais non encore imprimées lorsque j'ai reçu en commmunication un article du **Cosmos** du 16 avril 1914 concernant mon opinion sur cette question de la propagation, article nullement empreint de malveillance, ce dont je remercie l'auteur.

Telle est la puissance des idées reçues, qu'après avoir reconnu mes identités électriques et hydrauliques l'auteur de l'article ajoute : « Mais pourquoi donc M. Despaux rejette-t-il « la distinction que M. Lodge établit entre les deux sortes de « flux électriques, quand cet auteur distingue d'une part le « flux d'électrons créé dans le fil conducteur et d'autre part le « flux d'énergie électromagnétique qui se propage non dans le « fil mais dans le milieu ambiant ? C'est une théorie admise « par l'ensemble des physiciens modernes que le courant est « dû aux électrons libres des métaux... »

Dans l'ouvrage de Lodge que je possède et qui date de 1891, il n'est question que de flux d'électricité et nullement d'électrons. L'électron est d'invention récente et quoique nouveau il a déjà tout envahi ; bien que je connaisse l'esprit de résistance de la science et que je le comprenne, je reste cependant stupéfait de voir maintenir une explication obscure, métaphysique, invraisemblable, en face d'une explication effrayante de simplicité et qui fait rentrer le courant électrique dans le processus de tous les autres courants.

Certes non je n'adopterai pas l'explication de la propagation donnée par Lodge, je n'accepte que ce que je comprends. Il en est de même de l'explication du courant par les électrons, que je ne comprends pas davantage quoique adoptée par les savants, lesquels sont d'ailleurs impuissants à la faire comprendre aux autres.

Qu'est-ce que peut bien être un flux d'énergie électromagnétique ? Et dire que la science se contente de pareilles explications : je rappelle que dans mon opuscule de 1914, je m'étais borné à faire ressortir l'identité des courants électriques avec les autres courants sans en rechercher la cause ; mais cette identité étant reconnue il va de soi que le processus de la propagation doit être le même pour tous. Or ce processus n'a rien d'électromagnétique, c'est-à-dire d'inintelligible, il est au contraire fort clair.

Avant de clore ce chapitre, je tiens, pour couper court à une objection possible, à revenir sur une allégation que j'ai avancée au début. Il s'agit d'un cours d'eau soumis à une poussée en un point de son parcours ; cette poussée se propage, ai-je dit, à la vitesse de 1.435 mètres par seconde.

1.435 mètres est la vitesse de propagation de tous les ébranlements au sein d'une masse d'eau où la seule élasticité du liquide est en jeu. Mais à la surface il n'en est pas ainsi, l'eau y est libre et peut être soulevée par la poussée, l'élasticité se trouve en concurrence avec la pesanteur, aussi la vitesse de propagation à la surface est-elle bien moindre de 1.435 mètres.

Il en est de même pour les ondes, qui se propagent à la surface d'un étang dans lequel on a jeté une pierre, les rides s'avancent à une vitesse bien inférieure à 1.435 mètres.

J'ai tenu, avant d'aller plus loin, à ne pas laisser sans explication cette anomalie, dont le lecteur aurait d'ailleurs fait justice lui-même.

COURANTS D'INDUCTION

Nous n'avons considéré jusqu'ici que les courants électriques continus, cheminant toujours dans le même sens. C'étaient autrefois les seuls connus et ils étaient produits par des piles ; ces courants dits **voltaïques** ne sont pas susceptibles d'une très grande puissance, ils servaient et servent encore presque exclusivement à faire de l'électrolyse ; en associant cependant un grand nombre de piles soit en quantité, soit en tension, on parvient à créer une énergie appréciable mais d'un coût très élevé ce qui la rend pratiquement inutilisable.

Seuls les **courants d'induction** ont permis une utilisation industrielle. Ces courants d'induction sont produits par les moteurs mécaniques déjà en usage, machines à vapeur, moteurs hydrauliques, etc. Les courants d'induction sont instantanés et ne se produisent que par saccades à la manière des béliers hydrauliques.

Comme pour tous les phénomènes de l'électricité, la science ignore tout de l'induction. Je vais quant à moi exposer un processus des courants d'induction qui me paraît d'une clarté qui confine à l'évidence ; ce processus conservera d'ailleurs l'identité hydraulique et comme cause n'aura recours qu'à la forme dissymétrique de la molécule.

Courants d'induction hydrauliques. — Commençons par envisager le cas hydraulique, le reste ira de soi ; si dans un circuit hydraulique continu se trouve un piston animé d'un mouvement de va-et-vient, la colonne d'eau sera animée du même mouvement de va-et-vient, on aura créé un courant d'eau **alternatif.**

Il n'est pas indispensable que le circuit soit ininterrompu, la canalisation peut plonger dans l'eau par ses deux extrémités, le mouvement du piston n'en engendrera pas moins un courant alternatif.

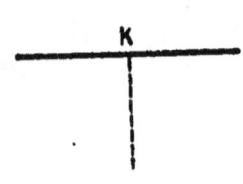

Au lieu d'un piston animé d'un mouvement alternatif, imaginons en un point K du circuit de petites hélices ; ces hélices au repos seront orientées n'importe comment ; mais frappons-les normalement d'un coup de fouet énergique, elles s'orienteront vivement et se mettront à tourner en sens inverse du coup de fouet qui les a frappées ; c'est le même processus que celui d'une toupie gisant inerte sur le sol, et qui frappée d'un coup de fouet énergique se redresse et se met à tourner en sens inverse du coup de fouet.

L'hélice, dès qu'elle est orientée dans le conduit hydraulique, engendre un courant ; mais immédiatement après frappons-la d'un nouveau coup de fouet dirigé en sens inverse du premier, elle se retournera et propulsera dans l'autre sens. Si le rythme est entretenu on aura créé des **courants hydrauliques d'induction.**

Si l'hélice n'avait reçu qu'un seul coup de fouet et si elle était suspendue d'une façon suffisamment élastique, elle oscillerait plusieurs fois avant de reprendre son repos, d'où résulteraient

des courants hydrauliques alternatifs rapidement décroissants.
On aperçoit de suite que les courants d'induction ne peuvent
être qu'instantanés et alternatifs.

Courants d'induction électriques. — Le mécanisme
n'est pas autre en électricité. En un point du circuit conducteur on oriente vivement les molécules alternativement dans
un sens et dans l'autre par des coups de fouet appropriés ;
examinons ce que sont ces coups de fouet.

Nous verrons plus loin, en traitant du magnétisme, que les
aimants émettent à leurs deux extrémités ou pôles des lignes
de force en forme de tire-bouchons, aspirantes à l'un des pôles et
propulsantes à l'autre. Ces lignes de force ne sont pas des mythes,
elles sont bien réelles et capables d'une certaine énergie puisqu'elles peuvent orienter des molécules et même redresser des
limailles de fer ; ce sont ces lignes de force qui, venant frapper
normalement et brusquement le fil conducteur, orientent les
molécules.

Dès lors voici le dispositif :
un barreau aimanté tourne
rapidement au-
tour de son cen-
tre O ; en face de lui et normalement se trouve placé un
fil conducteur de section S.
Dans leurs mouvements rapides les lignes de force **+** frappant
le fil orientent ses molécules dans un sens; les lignes de
force **—** qui viennent immédiatement après les orientent en
sens inverse. Mais pourquoi ces orientations différentes puisqu'il s'agit de coups de fouet dirigés dans le même sens? C'est

que ces coups de fouet ne
sont pas les mêmes dans
les deux cas: au pôle **+** la
ligne de force tourne dans
le sens propulsant, les lignes de force du pôle **—** sont au contraire de sens aspirant, et pour elles tout se passe comme
s'il s'agissait des lignes de force **+** d'un aimant situé de l'autre
côté du fil.

Le passage alternatif des deux pôles du barreau aimanté en face du fil conducteur produira donc un courant d'induction alternatif formé d'une succession de saccades.

Si le fil conducteur est frappé d'un seul coup, les molécules avant de reprendre le repos oscillent un certain nombre de fois, ce qui fait que le courant oscille aussi dans les deux sens avant de revenir au repos ; il en est de même lorsqu'on interrompt brusquement un courant continu, avant de reprendre le repos les molécules oscillent un certain nombre de fois et produisent une succession de courants alternatifs rapidement amortis. A proprement parler ces courants ne sont plus alternatifs, ce sont des courants oscillants, dont nous étudierons plus loin le caractère; il en est absolument de même dans le cas des courants d'induction hydrauliques.

Et remarquons ici combien est étroite l'identité hydraulique, nous avons reconnu qu'on peut entretenir un courant d'eau dans un tuyau coupé, à la condition que ses extrémités plongent dans des réservoirs d'eau de grande capacité, ou même dans un réservoir unique, car l'eau aspirée à un pôle lui est restituée par l'autre pôle ; c'est de l'eau toujours nouvelle qui circule alors dans le tuyau.

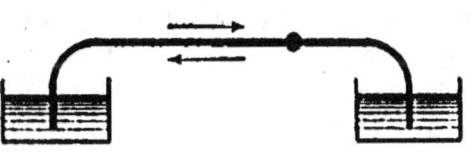

Si le courant au lieu d'être continu, c'est-à-dire toujours de même sens, est alternatif, il suffit que les extrémités du tuyau plongent dans des réservoirs limités, car c'est toujours la même eau qui est aspirée et refoulée alternativement, et la capacité des réservoirs pourra être d'autant plus réduite que le mouvement de va-et-vient sera plus rapide.

En électricité il en est de même, si le courant est continu, les extrémités du fil conducteur devront plonger dans un réservoir immense d'éther ou électricité, on choisit la terre, mais pour réduire la résistance, on interpose de grandes surfaces métalliques ; ici comme dans les courants continus hydrauliques, c'est une électricité toujours nouvelle qui circule dans le fil.

S'il s'agit de courants alternatifs, ces précautions sont moins de rigueur, car c'est toujours la même électricité qui est alternativement aspirée et refoulée. La zone de terre intéressée est alors d'autant plus réduite que l'alternation est plus accélérée ; on pourrait même faire plonger les extrémités du fil dans des masses métalliques isolées.

L'identité hydraulique est donc absolue, la seule différence tient à la constitution elle-même des liquides et de l'éther ou électricité ; l'eau est aspirée et refoulée directement, tandis que l'électricité ne peut l'être que par l'intermédiaire de molécules s'orientant et se transmettant l'électricité de l'une à l'autre ; il faut donc que les fils conducteurs plongent dans une substance bonne conductrice, c'est-à-dire présentant un grand nombre de molécules contribuant à l'écoulement et c'est pourquoi on prend l'intermédiaire de masses de métal ; s'ils plongeaient dans des masses de résine, l'électricité ne serait ni aspirée ni refoulée et le courant ne pourrait s'établir.

Si l'excitation inductrice se produisait sur un conducteur limité, un fil de cuivre de 5 mètres de longueur par exemple, et si cette excitation était unique, c'est-à-dire formée d'un seul coup de fouet, il se produirait dans le fil une oscillation de courant. Arrivé à un bout le courant reviendrait sur lui-même, et l'amortissement ne se produirait qu'au bout d'un certain nombre d'oscillations ; c'est là la genèse et le mécanisme des **courants oscillants** dont je traiterai plus loin avec des détails plus circonstanciés, la même chose se produirait dans un tuyau rempli de gaz et dans les mêmes conditions.

J'ai fait remarquer plus haut que ces mêmes courants oscillants se produisent lorsqu'on interrompt brusquement un courant, qu'il soit électrique ou hydraulique.

De par leur genèse et étant donnée la succession rapide des coups de fouet, on se rend compte que dans l'induction électrique, les molécules superficielles seules du conducteur ont le temps d'être intéressées, l'intérieur reste inerte.

Tel est le principe de la genèse des courants d'induction ; **toute excitation capable d'orienter vivement les molécules d'un conducteur en un point quelconque de son parcours est susceptible de produire des courants d'induction.**

Naturellement ce sont les coups de fouet perpendiculaires au fil qui produisent les effets les plus énergiques, ces effets décroissent avec l'obliquité.

Tous les courants d'induction sont et ne peuvent être qu'alternatifs, mais on peut par certains artifices de construction, qui n'ont rien d'électrique, transformer ces courants alternatifs en courants continus ; c'est ce qui se fait dans la dynamo de Gramme ; on pourrait de même et par des moyens identiques obtenir, avec des courants alternatifs d'eau, un courant continu, propulsant ou **+** dans un sens, aspirant ou **—** dans l'autre sens, tout comme en électricité.

Dans les courants continus, le courant se produit dans toute la section du fil conducteur ; il n'en est pas de même dans les courants d'induction, ici l'excitation étant superficielle la surface seule livre passage au courant, l'intérieur reste inerte ; avec les ondes hertziennes même où la fréquence est considérable, un centième de millimètre seulement des fils atteints sert à la conduction.

FORME TOURBILLONNAIRE DU COURANT ÉLECTRIQUE

Les molécules orientées dès le début dans le fil conducteur forment des rangées linéaires dans lesquelles chaque molécule propulse pour son propre compte ; chaque rangée engendre par suite un courant hélicoïdal d'électricité, et chacun de ces courants élémentaires est accompagné de son onde de propagation qui n'est autre que la ligne de force.

En réalité, dans un fil conducteur, le courant est formé d'une multitude de filets élémentaires hélicoïdaux, et il devient lui-même hélicoïdal dans son entier, lorsqu'il se manifeste en dehors du fil, nous en verrons tout à l'heure la raison.

Dans un fil de cuivre les molécules ne sont donc pas inertes, bien au contraire elles jouent un rôle actif considérable, on peut même dire prépondérant, car c'est à elles que sont dus la plupart des phénomènes de l'électricité.

Nous venons de prétendre que le courant électrique est de forme tourbillonnaire ou hélicoïdale lorsqu'il se manifeste dans un liquide ; en attendant d'en indiquer la cause, ce que nous ferons dans le chapitre suivant, nous pouvons mentionner plusieurs expériences qui en fournissent la preuve.

Arago a montré que si on fait traverser un carton horizontal par un fil conducteur vertical siège d'un courant et qu'on répande autour de ce fil de la fine limaille de fer, celle-ci se range en cercles concentriques de moins en moins serrés au fur et à mesure que les cercles s'éloignent du fil, c'est là le spectre ou le fantôme du champ électromagnétique qui règne autour des courants, champ dont

nous verrons plus loin la nature. Si on fait circuler le courant en sens inverse, les limailles se retournent, ce qui prouve que le champ électromagnétique se met à tourner en sens inverse ; il y a donc bien rotation du courant, or propulsion et rotation sont les caractéristiques de l'hélice.

Cette constitution hélicoïdale, Gaston Planté l'a de son côté mise en évidence par l'expérience suivante : dans un entonnoir il versait de l'eau salée, laquelle s'écoulait par un mince orifice dans un récipient inférieur. A la surface supérieure de l'eau il faisait plonger une électrode positive reliée à une batterie de 400 couples ; l'autre électrode arasait le liquide inférieur où elle plongeait légèrement ; le courant se fermait par le filet liquide qui s'écoulait de l'entonnoir, or ce filet s'écoulait en tourbillonnant, le phénomène était rendu plus visible en saupoudrant de poudre de lycopode la surface du récipient inférieur : une autre expérience de M. de Balassny décrite à l'article « lignes de force » fournit la même preuve.

Autre expérience ; lorsqu'on fait l'électrolyse de l'eau, si on remplace l'une des électrodes par une gouttelette de mercure, lorsque le courant passe la gouttelette se met à tourbillonner dans un sens ou dans l'autre suivant le sens du courant.

Davy a réalisé une autre expérience qui met en relief le même tourbillonnement ; dans le fond d'un récipient on verse un peu d'eau salée et dans cette eau on fait déboucher les deux

 électrodes d'une batterie de piles. Entre les deux électrodes on place des gouttelettes de mercure, lorsque le courant passe il traverse ces gouttelettes qui s'allongent et prennent un mouvement rapide de rotation.

Dans son traité d'électricité, Becquerel rapporte une expérience analogue : on remplit un vase, de mercure jusqu'à une certaine hauteur ; on recouvre ce mercure d'une couche d'environ 2 centimètres d'acide sulfurique concentré et on fait plonger dans cet acide à faible profondeur les deux électrodes d'un courant voltaïque de 10 éléments, on obtient ainsi une rotation rapide de la couche d'acide.

Pour ce qui est de la propulsion seule elle s'aperçoit nettement dans l'opération de la galvanoplastie ; on reconnaît même que le courant se dirige du pôle positif au pôle négatif, car c'est cette direction que suivent les molécules du métal.

Porret a fait la même démonstration par l'expérience suivante : dans un vase plein d'eau salée on établit une séparation en baudruche, et dans chaque compartiment on fait plonger une des électrodes d'une batterie de 80 couples. Lorsque le courant passe l'eau s'abaisse dans le compartiment **+** et s'élève dans le compartiment **—** ; il y a propulsion ou insufflation manifeste d'un côté, aspiration de l'autre.

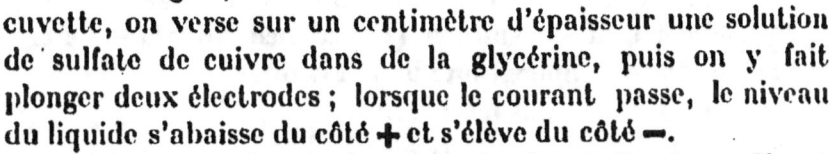

M. de Heen a réalisé une expérience analogue ; sur le fond d'une cuvette, on verse sur un centimètre d'épaisseur une solution de sulfate de cuivre dans de la glycérine, puis on y fait plonger deux électrodes ; lorsque le courant passe, le niveau du liquide s'abaisse du côté **+** et s'élève du côté **—**.

Dans un fil conducteur, les molécules étant alignées en files et étant de forme hélicoïdale, on aperçoit d'ici que, quelles que soient la nature et la forme de la poussée initiale, l'électricité doit forcément prendre un écoulement hélicoïdal.

CHAMPS ÉLECTROMAGNÉTIQUES

CHAMPS AUTOUR DES COURANTS

J'ai fait ressortir que, dans un fil conducteur, dès qu'une excitation est produite en un point quelconque du circuit, toutes les molécules s'orientent à la vitesse de 300.000 kilomètres par seconde et forment des rangées dont chacune donne naissance à un filet tourbillonnaire d'éther, propulsant dans un sens ou dans l'autre suivant le sens de l'impulsion reçue. L'ensemble de ces filets élémentaires forme le courant du fil.

J'ai fait aussi remarquer que par le seul fait que les molécules alignées sont gauches, l'électricité propulsée, quelle que fût la nature de l'impulsion, devait prendre dans chaque filet un mouvement tourbillonnaire.

Voilà donc le courant expliqué dans le fil, mais le champ électromagnétique? Ce champ mystérieux qui règne autour des courants et dont personne n'a pu jusqu'ici expliquer l'origine pas plus que la constitution, en quoi peut-il bien consister et comment l'expliquerons-nous? Comment surtout y retrouverons-nous l'identité hydraulique? Qu'on veuille bien me suivre et tout cela va s'éclaircir, même l'identité hydraulique, à la condition bien entendu de placer le courant hydraulique dans les mêmes conditions que le courant électrique.

Procédons tout de suite à l'expérience suivante dont on verra plus loin l'application; dans un récipient rempli d'eau, faisons tourner rapidement une barre de fer verticale, la barre s'entoure d'un champ tournant d'eau, champ d'autant plus étendu que la barre est plus grosse et d'autant plus rapide que sa vitesse de rotation est plus accentuée. C'est à la surface du liquide qu'on saisit le mieux le processus de ce champ tournant.

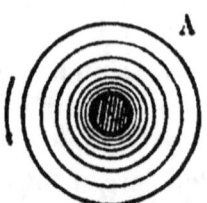

En faisant tourner deux barres côte à côte et dans le même sens, les deux champs se composeront en un seul comme il est indiqué ci-contre ; avec 3, 4, 5, ..., 20 barres, nous aurons de même un champ unique résultant C, dont l'importance sera

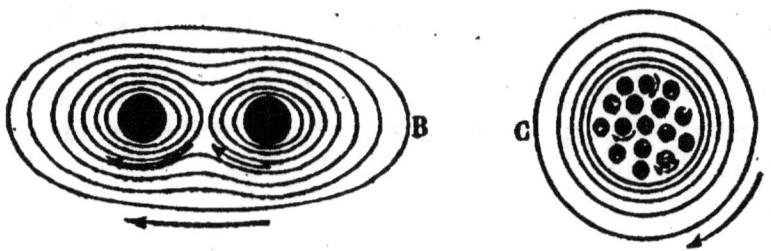

proportionnelle au nombre des barres et à leur vitesse de rotation ; j'ai procédé moi-même à ces expériences il y a plusieurs années avec des barres de fer de 0^m,03 tournant verticalement dans l'eau.

Varions l'expérience et supposons maintenant que dans une masse d'eau tourne une rangée de petites turbines alignées dans n'importe quel sens ; le phénomène ne sera pas changé, la rangée de turbines sera le siège d'un courant, et autour de ce courant régnera un champ tournant d'eau, semblable à celui qui régnait autour de la barre A.

Est-il vraiment utile de poursuivre l'explication électrique ? Faisons-le néanmoins car mieux vaut pécher par excès que par défaut de clarté.

Si nous faisons traverser un carton horizontal par un fil conducteur vertical siège d'un courant, nous obtenons un champ de limailles A. Deux fils côte à côte sièges de courants de même sens donneront le champ B, plusieurs fils donneront le champ C. Voilà l'expérience.

Si nous considérons maintenant le fil conducteur en lui-même, nous savons que lorsque le courant est établi les molécules qui le composent se rangent en files distinctes ; chacune de ces files engendre un courant élémentaire hélicoïdal, et en outre s'entoure d'un champ tournant élémentaire pris dans l'éther qui l'environne ; finalement l'ensemble de ces champs se compose en un champ tournant unique C qui sera le champ électromagnétique.

L'effet produit est le même que si c'était le fil entier qui tournait dans l'éther :

Le champ électromagnétique qui règne autour d'un courant est un champ d'éther tournant avec une excessive rapidité et sa constitution rend compte de toutes les propriétés d'orientation dont il jouit. Parmi ces propriétés se trouve la propriété d'attraction que possèdent deux courants parallèles de même sens, et celle de répulsion qu'éprouvent deux courants parallèles de sens contraires.

LES COURANTS PARALLÈLES DE MÊME SENS S'ATTIRENT, CEUX DE SENS CONTRAIRES SE REPOUSSENT

Pour ce qui concerne les courants parallèles de même sens, reportons-nous au fantôme de limailles produit autour de deux courants parallèles, fantôme dont nous donnons ci-contre à droite le schéma ; considérons ensuite le fantôme produit dans l'eau par deux tiges verticales tournant rapidement dans le même sens, nous obtenons le fantôme B de la page 44 ; ces

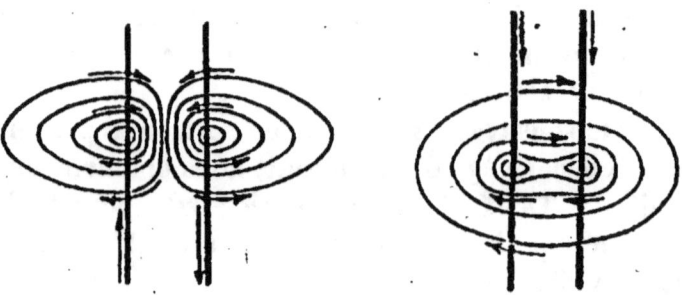

deux fantômes sont identiques ; or, on y aperçoit bien que les fils circulaires qui entourent et enserrent les deux tiges ou les deux fils conducteurs tendent à les rapprocher.

Si les courants sont parallèles et de sens contraires, nous obte-

nons avec des limailles le fantôme ci-contre, à gauche et avec
deux tiges verticales tournant rapidement dans l'eau en sens
contraires, nous obtenons le même fantôme, on aperçoit ici
manifestement qu'il y a tendance à répulsion.

J'ai effectué ces expériences il y a plusieurs années et je les
ai complétées par des expériences faites en atelier.

J'ai fait ressortir que le champ électromagnétique est dans
l'éther l'équivalent du champ d'air engendré par un arbre
d'usine ou un volant tournant à grande vitesse ; dans une usine
j'avise un volant tournant avec rapidité, ce volant est entouré d'un champ d'air circulaire tournant à la vitesse du
volant, ce sera là pour nous la représentation du champ électromagnétique d'un courant fixe ; en face de ce volant je place
une petite poulie tournant automatiquement et pouvant
s'orienter horizontalement dans toutes les directions, ce qui
s'obtient en la suspendant à un cordon par exemple ou en
la montant sur pivots. Cette petite poulie représentera le courant mobile avec son champ tournant d'air, or il arrive que
le grand volant fixe oriente par l'action de son champ d'air
la poulie mobile dans son plan et de façon à ce qu'elle tourne
dans le même sens.

L'attraction et la répulsion sont trop faibles pour être mises
en évidence par cette expérience, mais les fantômes ci-dessus
décrits expliquent ces deux effets ; donc deux courants de
sens contraires se repoussent jusqu'à ce qu'ils tournent dans
le même sens ; la répulsion est plutôt une tendance à l'orientation, cette tendance est rendue manifeste dans l'expérience
du volant et de la poulie.

Les molécules du fil conducteur s'orientant à la vitesse de
300.000 kilomètres à la seconde, le champ électromagnétique
s'établit à la même vitesse le long et autour du fil.

Le courant est dans l'intérieur d'un fil conducteur composé
de filets élémentaires en forme de tire-bouchons. Lorsque ces
filets élémentaires sortent du fil pour passer dans un liquide où
les molécules sont mobiles, le courant prend une forme tourbillonnaire, forme que nous avons reconnue dans de précédentes
expériences ; la torsion des filets élémentaires est due au
champ électromagnétique, lequel tourne avec une excessive

rapidité entraîne les filets dans sa rotation et les enroule en torsade. Nous reconnaîtrons la même genèse dans la constitution des aimants et pour le même motif.

LE CHAMP ÉLECTROMAGNÉTIQUE EST PROPORTIONNEL A L'INTENSITÉ DU COURANT

De la genèse du champ électromagnétique que je viens d'exposer, il résulte clairement que ce champ est proportionnel au nombre des molécules, c'est-à-dire à la section du fil conducteur, et proportionnel aussi à la vitesse de rotation des molécules, c'est-à-dire à la vitesse du courant, or, l'intensité ou débit d'un courant électrique se mesure comme celui d'un courant hydraulique, par le produit de la section, par la vitesse, c'est-à-dire les deux mêmes éléments qui constituent le champ électromagnétique.

On peut donc mesurer l'intensité d'un courant électrique par l'intensité de son champ électromagnétique, et c'est en effet ainsi qu'on le mesure ; les ampèremètres et les galvanomètres, qui sont les compteurs de courant électrique, sont des appareils qui mesurent l'intensité des champs électromagnétiques.

On pourrait mesurer de même le débit d'une conduite d'eau si on plaçait cette conduite dans les mêmes conditions qu'un conducteur électrique, l'identité hydraulique n'est donc pas en défaut.

On remarquera que dans un fil siège d'un courant, l'éther ou électricité se trouve sous deux états absolument différents et indépendants l'un de l'autre ; il y a d'abord l'éther circulant dans les rangées moléculaires, lequel forme le courant ; il y a ensuite l'éther entourant chaque rangée, lequel constitue les champs tournants élémentaires dont l'intégration constitue à son tour le champ électromagnétique qui entoure le fil.

La seule électricité qui circule dans un fil conducteur est celle qui remplit le conducteur à l'état normal. La preuve en est que si par le moyen d'un courant on veut charger un corps d'électricité +, il faut faire communiquer par son côté − le conducteur avec la terre où il aspire la quantité d'électricité supplémentaire ; si au contraire on veut charger un corps d'électricité négative, c'est-à-dire si on veut en retirer de l'électricité, c'est le côté **+** ou propulsant du conducteur qui doit plonger à la terre, de façon à y rejeter l'excédent.

OU RÉSIDE L'ÉNERGIE DANS UN COURANT ÉLECTRIQUE ET PAR OU SE DÉPENSE-T-ELLE ?

Comme bien on pense, ce n'est pas dans l'éther ou le fluide électrique que réside l'énergie d'un courant, la seule fonction du courant est de créer une onde de propagation. Cela fait, son rôle est terminé, c'est l'onde elle-même qui transmet l'énergie automatiquement à la vitesse de 300.000 kilomètres par seconde. Voilà pour la transmission.

Quant à l'énergie elle-même, elle réside dans la rotation des molécules, rotation qui s'est mise au niveau de l'excitation ; cette rotation engendre le champ électromagnétique et c'est par ce champ que l'énergie se transmet et se dépense.

Voici quel est le mécanisme de cette transmission pour une dynamo par exemple ; pour mieux saisir ce mécanisme, procédons tout d'abord à l'expérience suivante : dans un atelier avisons un volant fixe V tournant à grande vitesse ; ce volant s'entoure d'un champ tournant d'air qui est la représentation du champ tournant d'éther ou champ électromagnétique qui règne autour d'un fil conducteur siège d'un courant : en face de ce volant fixe V plaçons un volant mobile M pouvant pivoter dans le sens horizontal et tournant aussi avec rapidité.

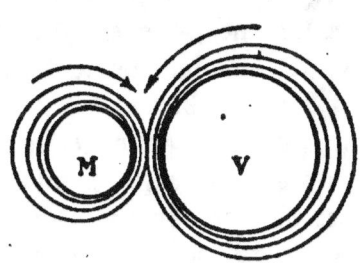

Si la rotation de M s'effectue en sens inverse de V, les champs se contrariant le volant induit M sera repoussé et pivotera de façon à venir se placer dans le sens de la rotation du volant inducteur V, c'est la répétition de l'expérience que nous avons déjà faite, montrant la répulsion de deux courants parallèles de sens contraire.

J'ai procédé à ces expériences il y a une dizaine d'années, en vue d'expliquer la répulsion de courants parallèles de sens contraires.

Si, lorsque le volant M s'est retourné, le volant V a lui-même changé le sens de sa rotation, M sera repoussé à nouveau, et ainsi de suite indéfiniment. C'est là le mécanisme de la rotation d'une dynamo réceptrice, elle trouve sans cesse devant elle un champ contraire qui la repousse, il y a là tout simplement de la mécanique. Tous les phénomènes électriques sont d'ailleurs des phénomènes mécaniques.

C'est donc dans la rotation des molécules du fil conducteur que réside l'énergie d'un courant électrique, et c'est par son champ électromagnétique qu'elle se dépense. La faible quantité de matière en laquelle réside l'énergie, parfois considérable, d'un courant, est compensée par l'énorme vitesse des mouvements moléculaires qui, nous l'avons souvent répété, se chiffrent par trillions à la seconde.

SELF-INDUCTION

Lorsqu'on met en mouvement un courant hydraulique dans un tuyau, un certain temps est nécessaire pour que le courant prenne son régime, c'est-à-dire s'établisse à son allure normale ; par contre, lorsqu'on interrompt brusquement ce même courant en fermant un robinet par exemple, le courant se poursuit encore pendant quelques instants et il se produit à l'extrémité du tuyau un choc violent que l'on appelle **coup de béller,** choc qui est hors de proportion avec l'énergie du courant normal.

On voit d'ici la cause de ces phénomènes, elle est due à l'inertie des molécules d'eau. Au début cette inertie explique le retard à l'établissement du courant, les molécules mettant un certain temps à prendre leur vitesse. A la fin, le courant étant brusquement interrompu, il se poursuit encore pendant quelques instants en vertu de la vitesse acquise, et ces molécules viennent en un temps très court dépenser l'énergie dont elles sont pourvues.

Dans les courants électriques des phénomènes analogues

sinon identiques se produisent, ils sont dus ici non à l'inertie du
fluide électrique qui en possède fort peu, mais à l'inertie des
molécules du fil conducteur.

Et tout d'abord je ferai remarquer que ce qu'on appelle
ouverture en courant hydraulique, s'appelle **fermeture** en courant électrique, les deux termes correspondent au moment où
le courant est mis en marche : de même **fermeture** en courant
hydraulique correspond à **ouverture** en courant électrique et ces
deux termes indiquent le moment où le courant est interrompu.

Donc, dès la fermeture, l'établissement du courant électrique
est retardé par suite de l'orientation des molécules du fil : à la
fin au contraire, lorsque le courant est brusquement interrompu
le courant se poursuit encore un instant parce que les molécules
du fil exigent un certain temps pour se désorienter et en se
désorientant brusquement elles impriment au courant qu'elles
propulsent, une tension hors de proportion avec celle du courant normal, ce courant final de très forte tension est désigné
sous le nom de **courant de rupture**, ou **extra-courant** et il donne
lieu à une forte étincelle dite **étincelle de rupture**, c'est surtout à
la tension ou voltage qu'est dû le courant de rupture. Les molécules de cuivre étant très élastiques, après s'être désorientées
reviennent un certain nombre de fois sur elles-mêmes, provoquant ainsi des courants de sens inverses rapidement décroissants.

Les deux effets de retard et d'extra-courant sont des effets
dits de **self-induction** pour des motifs qu'il serait sans intérêt
d'indiquer ici.

**C'est donc à l'inertie des molécules du conducteur que sont dus
les effets de self-induction.** L'électricité cependant doit pourvoir
tout au moins à l'orientation de ces molécules par le moyen de
son onde, elle doit donc posséder une certaine inertie ; elle en
possède en effet une rudimentaire, la preuve en est que la transmission quoique excessivement rapide a une valeur finie, elle
n'est pas instantanée.

De ce qui précède il résulte que plus les molécules sont nombreuses dans un conducteur et plus les effets de self-induction
doivent être accentués ; le courant de rupture notamment qui
des deux est le plus important.

Ainsi, par exemple, si on enroule le fil conducteur en hélice ou en bobine, et si par surcroît on place dans la bobine un barreau de fer doux dont les molécules s'orientent et se désorientent en même temps que celles du fil conducteur, les effets de self-induction sont notablement accrus, aussi de pareilles bobines intercalées dans un fil conducteur sont-elles dites bobines de self-induction, et par abréviation bobines de self.

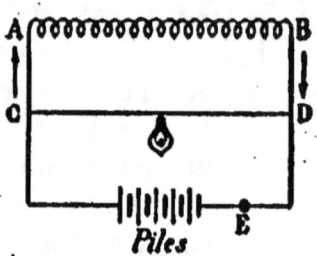

Piles

On se rend aisément compte de ces effets dans l'expérience suivante : le courant d'une pile P passe dans une bobine AB ; une dérivation CD est établie entre les deux branches d'avant et d'après la bobine, et sur cette dérivation on place une lampe électrique ; on s'arrange pour que cette lampe éclaire peu lorsque le courant est établi à son régime normal ; or, voici ce qui se produit : au moment où on établit le courant, la lampe éclaire davantage pendant un court instant ; cela est dû à la résistance opposée par la bobine de self qui oblige le courant à passer presque tout entier par le fil de dérivation, sous une tension accrue. Au moment de l'interruption en E le même effet se produit encore mais bien plus accentué, il est dû alors à ce que le courant se referme par la dérivation DC après être passé dans la bobine ; c'est l'extra-courant qui passe alors dans la lampe, ce rôle rempli par la bobine de self-induction explique pourquoi une bobine n'oppose aucune résistance aux courants continus tandis qu'elle arrête les courants alternatifs rapides ; c'est que dans le courant continu la résistance une fois surmontée n'affecte plus l'allure du courant, tandis que lorsqu'il s'agit de courants alternatifs rapides, avant que la résistance de la bobine ait pu être surmontée, le courant a déjà changé de sens, de sorte que ces courants n'ont pas le temps de s'établir.

Un fil enroulé en bobine offre, à longueur égale, une bien plus grande résistance qu'un fil droit, pourquoi ? S'il s'agissait d'une canalisation d'eau, la raison en serait apparente, la résistance serait due aux changements continuels de direction augmentant les frottements; mais dans un courant électrique?

Ici, la raison est autre. La résistance tient à la contrariété des champs électromagnétiques. En effet, une spire présente aux points diamétralement opposés des courants de sens contraires avec par conséquent des champs électromagnétiques tournant en sens opposés, or, de pareils champs se repoussent et sont par suite des causes de résistance. J'ai fait ressortir ces particularités quelques pages plus haut, je les ai fait ressortir surtout dans deux ouvrages précédents, où j'explique par les champs électromagnétiques les propriétés magnétiques des solénoïdes.

La contrariété des champs ajoute donc dans une bobine une résistance appréciable à celle présentée par le nombre des molécules.

L'explication que nous avons donnée des causes de la self-induction rend clairement compte de ses effets ; au lieu de cela quelle est l'explication fournie par la science ? Au moment de l'établissement, dit-elle, le courant fait naître dans le fil un courant inverse qui retarde le courant principal ; à la rupture, au contraire, il se produit dans le fil un courant de même sens qui vient s'ajouter au principal et le renforcer. Pourquoi ? Comment ? Mystère.

CONDUCTIBILITÉ DES CORPS

Comme tout ce qui est électricité, la conductilité des corps n'a reçu aucune explication. **Toutes les tentatives qu'on a faites jusqu'ici, dit un auteur, pour déterminer les relations qui existent entre les corps conducteurs et les non-conducteurs ont été infructueuses.**

D'après la genèse que nous avons exposée des courants électriques, il apparaît que la conductibilité d'un corps est due à la faculté d'orientation de ses molécules, ainsi qu'à leur faculté de propulsion. Un corps dont les molécules ne s'orientent pas, tels le bois, le verre, etc., est mauvais conducteur; les métaux sont excellents conducteurs parce que leurs molécules s'orientent facilement et propulsent de même. Si dans un conducteur métallique on intercalle un fragment d'un corps mauvais conducteur, le courant est arrêté parce que ses molécules ne s'orientant pas ne peuvent livrer passage au courant.

Les liquides sont mauvais conducteurs, le courant ne réussit à les traverser que lorsqu'il parvient à orienter leurs molécules et à maintenir leur orientation ; cela fait, le courant ne passe pas encore ; il y faut une forte tension ou voltage ; c'est ainsi que le courant voltaïque, c'est-à-dire le courant produit par des piles, ne peut traverser l'eau ; mais le courant produit par des machines électro-statiques la traverse sans difficulté.

Lorsque le courant réussit à passer à travers un liquide, il passe tout entier, la preuve en est que le courant qui y entre en ressort tout entier ; de plus, les lois de Ohm y sont applicables comme dans un conducteur métallique. La conduction se fait dans les liquides de la même façon que dans un fil conducteur, le courant y suit des files de molécules immobilisées.

Dans les gaz le passage de l'électricité est bien plus difficile encore que dans les liquides : cela tient d'abord à l'extrême mobilité des molécules gazeuses qu'il est fort difficile d'orienter et de maintenir orientées, cela tient ensuite au grand éloignement de ces molécules ; lorsque, cependant, on parvient à les orienter dans une certaine mesure, on dit que les gaz sont **ionisés**.

Ainsi les gaz issus d'une flamme sont ionisés ; les molécules gazeuses y sont en effet orientées en files ; quant à la flamme elle-même, elle est plus conductrice encore et décharge les corps électrisés, qu'ils le soient en **+** ou en **—**. Le **pouvoir conducteur des flammes** est dû à ce qu'elles contiennent non seulement des gaz mais de véritables particules solides de charbon, lesquelles étant orientées et suffisamment rapprochées produisent sur les corps électrisés le même effet que le contact d'un fil de cuivre. Un fil métallique, en communication avec le sol, décharge en effet les corps électrisés **+** ou **—** en y introduisant ou en rejetant de l'électricité.

En résumé, **les conditions nécessaires pour qu'un corps soit bon conducteur de l'électricité sont que ses molécules soient suscep-**

tibles de s'orienter et de propulser, l'orientation seule ne suffirait pas, comme nous le verrons plus loin en traitant des
aimants et des corps diélectriques.

Seuls les mauvais conducteurs absolus sont dépourvus de
la faculté d'orientation, mais de pareils corps n'existent sans
doute pas, il n'y a entre eux sous ce rapport que des nuances.

On sait ce que sont les courants alternatifs, ce sont des
courants qui changent de sens un certain nombre de fois par
seconde ; naturellement il faut que dans le fil conducteur les
molécules puissent se retourner un égal nombre de fois ; dans
un fil de cuivre, la fréquence de retournement est presque illi-
mitée, une molécule de cuivre peut en effet changer de sens
des billionièmes de fois par seconde ; mais à une fréquence de
10.000 la molécule de fer ne se retourne plus et reste inerte.

La décharge d'une bobine de Ruhmkorff, très douloureuse
lorsqu'on tient dans les mains les extrémités du fil secondaire, ne l'est plus lorsque la fréquence des interruptions
atteint 10.000.

Pour ce qui est des diélectriques qui constituent une catégorie de corps mauvais conducteurs que nous étudierons plus
loin, la vitesse d'orientation est excessivement réduite. Les
molécules d'une lame de soufre de 6 millimètres d'épaisseur
placée dans un champ électrique mettent 61 minutes à s'orienter ; une plaque de sel gemme de même épaisseur met un quart
d'heure. La vitesse de désorientation est plus faible encore. Un
gâteau de résine frappé par une peau de chat, autrement dit
un électrophore, peut conserver pendant des mois la faculté
de donner des étincelles. D'autre part, Maxwell relate que dans
certaines espèces de verre la polarisation ou orientation des
molécules persiste pendant des années.

CHALEUR ET LUMIÈRE ÉLECTRIQUES

CONSTITUTION MOLÉCULAIRE DES CORPS

Le courant électrique transmet l'énergie à une vitesse considérable, mais cette énergie, pour se conserver entière, exige que le débit ou l'intensité du courant soit faible, sinon il se développe dans le fil de la chaleur, et celle-ci ne prend naissance qu'aux dépens de l'énergie électrique.

Etudions d'un peu près cette question jusqu'ici non résolue de la transformation de l'électricité en chaleur; elle nous fera en même temps pénétrer plus profondément dans la connaissance des courants et même dans celle de la constitution de la matière; ne perdons pas de vue que la chaleur est due à des vibrations moléculaires.

Débutons par un préliminaire qui éclaircira le problème et pour cela ne craignons pas de répéter quelques détails de la constitution de la matière que nous avons déjà exposée. Dans un corps solide, la molécule est sans cesse en mouvement, et les mouvements dont elle est animée sont excessivement rapides puisqu'ils se comptent par trillions à la seconde ; or, quels sont les mouvements dont peut être animé un corps destiné à se mouvoir pour ainsi dire sur place; ils ne peuvent être qu'au nombre de deux, rotation sur lui-même, et révolution autour d'un centre ; ce sont les mouvements mêmes dont sont animés les corps célestes faisant partie d'un système stellaire, les planètes par exemple.

Si la molécule était gazeuse, elle se comporterait comme un corps céleste libre dans l'espace, telle une comète avant d'avoir été captée; elle s'enfuirait dans l'espace, son mouvement de révolution se serait transformé en un mouvement de translation.

Une molécule donc se comporte comme un corps céleste,
l'infiniment petit se comporte comme l'infiniment grand.

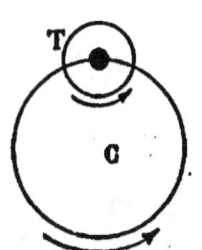

« **La même mécanique qui gouverne les astres, dit
le P. Secchi, gouverne aussi les atomes.** » Et vraiment on se demande pourquoi il en serait
autrement : le petit et le grand ne sont relatifs
qu'à nous-mêmes.

Considérons une toupie T lancée circulaire-
ment ; elle est animée de deux mouvements,
rotation sur elle-même et révolution autour
d'un centre fictif C. Le mouvement de révolution comporte
lui-même deux éléments, le nombre de révolutions par seconde
et le diamètre de l'orbite ou amplitude.

Par des poussées successives je puis réduire le diamètre de
l'orbite ; alors le nombre de révolutions s'accroît de même que
le nombre de rotations ; en continuant les poussées vers le
centre, j'amènerai la toupie à ne conserver que le seul mouvement de rotation en lequel se seront désormais concentrés tous
les autres mouvements ou éléments de mouvement : en un mot
je transformerai à mon gré les mouvements les uns dans les
autres.

C'est l'image même des mouvements moléculaires dans un
corps solide, et il ne s'agit pas là d'une simple similitude, mais
d'une identité absolue, car, comme nous le verrons plus loin,
ces mouvements peuvent se transformer dans une molécule.

Dans un corps homogène une molécule étant entourée de
molécules semblables, devra se comporter vis-à-vis de chacune
d'elles de façon identique. Ce qui pour la toupie se passe dans
un cercle, se passera donc sur une sphère idéale chez une
molécule solide, et c'est sur une surface sphérique qu'elle
accomplira ses révolutions ou vibrations en tous sens.

DIFFÉRENCE ENTRE LA LUMIÈRE ET LA CHALEUR

Les trois éléments de mouvement que nous présente la toupie
représentent chacun une énergie moléculaire. Le nombre de révo-

lutions moléculaires par seconde est représentatif de la lumière.
on sait en effet que la lumière se manifeste entre 477 et 734 trillions de vibrations moléculaires par seconde ; au-dessus et au-dessous l'œil ne perçoit rien.

La chaleur, elle, est représentée par l'amplitude des vibrations ou révolutions et non par leur fréquence, et ici nous émettons une idée nouvelle. Mais qui peut faire supposer qu'il en soit ainsi ?

Il est tout d'abord visible que ce n'est pas la fréquence qui produit la chaleur puisque les vibrations ultra-violettes qui sont les plus rapides sont froides, et que les vibrations calorifiques sont au-dessous de 477 trillions. La chaleur, fonction de l'amplitude, est démontrée par ce fait que la chaleur dilate les corps, et c'est même par cette dilatation qu'on la mesure puisque les thermomètres sont basés sur la dilatation ; or, la dilatation est manifestement la conséquence de l'amplitude.

J'ai dit que ces considérations et ces vues sur la chaleur et la lumière m'étaient personnelles, la preuve en est dans cette question posée par M. Tannery dans son ouvrage **Science et Philosophie**, à savoir quel rapport il peut bien y avoir entre la chaleur et l'allongement de la colonne mercurielle.

La chaleur n'est qu'une sensation et dépend de notre constitution ; il pourrait se faire que nous ne la percevions pas, pas plus que nous ne percevons les lignes de force du magnétisme, la pesanteur, etc., la chaleur se traduit physiquement par la dilatation.

Il résulte de ma genèse, que chaleur et lumière, quoique étant de la même famille, sont engendrées par deux éléments vibratoires différents, et on peut concevoir que dans certaines substances, pour une même somme d'énergie reçue, le nombre des vibrations moléculaires puisse être très élevé et l'amplitude très faible, tandis que chez d'autres ce sera le contraire ; dans le premier cas on obtient de la lumière, dans le second de la chaleur ; si les amplitudes sont excessivement faibles la lumière peut être froide, telle celle du ver luisant ou du lampyre ; or, de cette lumière froide, on ignore totalement l'origine ou plutôt la cause.

La genèse que nous venons d'exposer fait comprendre que

certains corps phosphorescents puissent émettre de la lumière
et pas du tout de chaleur. Bien entendu, l'amplitude entre
nécessairement en jeu lorsque la lumière devient éclatante ;
l'éclat provient bien alors de l'amplitude, mais en ce cas il y a
toujours accompagnement de chaleur, il y a donc de la lumière
chaude et de la lumière froide.

On aperçoit tout de suite qu'il est possible, par un choix judi-
cieux de substances, de transformer la chaleur en lumière et
inversement. Le bec oxhydrique obtenu en brûlant un mélange
d'oxygène et d'hydrogène produit beaucoup de chaleur, mais
peu de lumière ; si cependant on place dans la flamme un morceau de chaux ou de magnésie, on obtient une lumière blanche
éclatante dite lumière Drummond, cela provient de ce que des
vibrations de grande amplitude se sont transformées en vibrations de grande fréquence et de moindre amplitude.

C'est par ce même processus qu'un manchon Auer placé dans
une flamme peu éclairante devient éblouissant, ce résultat est
obtenu par l'emploi de la thorine ou oxyde de thorium dont le
manchon est imprégné. Il existe toute une série de ces oxydes
ou chaux dits **terres rares,** qui jouissent de la même propriété de
raccourcir les vibrations en les rendant plus fréquentes. Ce sont,
outre la thorine, l'erbine, l'yttria, le didyne, le zircone, la
cérine, etc.

Par le même processus, un corps phosphorescent qui a emma-
gasiné de la chaleur la restitue dans l'obscurité sous forme
d'ondes lumineuses froides, c'est-à-dire dépensant très peu
d'énergie ; par une transformation inverse, la quinine, le
verre d'urane, le spath-fluor, le platino-cyanure de baryum
deviennent fluorescents sous l'effet de rayons ultra-violets.
Ici ce sont des vibrations qui ont abaissé leur fréquence de
façon à devenir lumineuses, car on sait qu'au-dessus de 734 trillions par seconde, les vibrations n'impressionnent plus la rétine,
ou tout au moins le cerveau ; or, l'ultra-violet vibre à plus
de 734 trillions.

Toutes ces transformations, on voudra bien le reconnaître,
sont de la plus grande simplicité et ne dérogent en rien au principe de la conservation de l'énergie.

En terminant cet article, qu'il me soit permis de jeter un

coup d'œil sur une particularité de la vision ; les images des objets viennent, on le sait, se former renversées sur la rétine comme cela a lieu dans une chambre noire ; cependant nous les voyons droites. D'aucuns voient là un phénomène inexplicable ; d'autres allèguent qu'il n'y a aucun rapport à établir entre l'image de la rétine et la sensation reçue, puisque ce n'est pas la rétine qui voit et traduit la sensation, mais le cerveau ; or celui-ci ne s'occupe pas de la rétine. « Notre cons- « cience intime, dit Helmholtz, ignore complètement et l'exis- « tence de la rétine et la formation des images optiques, com- « ment saurait-elle quelque chose des images qui s'y forment « (optique physiologique). »

Il n'en est pas moins vrai qu'il y a là un désaccord auquel notre esprit n'est pas habitué : mais ce désaccord existe-t-il vraiment ?

Ce qui fait que l'image se produit renversée au fond d'une chambre noire, c'est que les rayons lumineux passant par une faible ouverture se croisent et mettent dessus ce qui est dessous, et à droite ce qui dans la réalité est à gauche ; or il en est de même des filaments nerveux qui viennent s'épanouir sur la rétine et transmettent l'impression au cerveau ; ils se croisent et, par suite, ce qui est en haut sur la rétine est perçu en bas dans le cerveau, et ce qui est à droite est perçu à gauche, et de fait, c'est la partie gauche du cerveau qui perçoit les impressions de l'œil droit et inversement ; et voilà l'image redressée quant à sa perception.

TRANSFORMATION DE L'ÉNERGIE ÉLECTRIQUE EN CHALEUR ET EN LUMIÈRE

Je pense avoir suffisamment fait ressortir que dans un fil de cuivre le courant électrique est une conséquence de l'orientation des molécules en files. Si tous les mouvements de la molécule étaient ramenés au seul mouvement de rotation, il est visible que l'énergie électrique serait produite au maximum ; mais il n'en est pas généralement ainsi ; lorsque l'intensité du courant s'accroît,. de la chaleur apparaît et une portion de l'énergie électrique est perdue. Quel est le processus de cette transformation ? Il est des plus simples.

Dans une masse de cuivre, une molécule isolée de tous côtés peut être considérée comme maintenue au regard des autres molécules par un ressort très élastique. Lorsque, dans un fil conducteur, les molécules sont rangées en files et tournent avec rapidité, le mouvement de rotation de chacune d'elles, tend à s'accompagner de mouvements de révolution, et ceux-ci prennent d'autant plus d'amplitude que la rotation est plus rapide, c'est-à-dire que le débit ou intensité du courant est plus considérable, car c'est la rotation de la molécule turbine qui assure le débit.

Pour se rendre compte de cette transformation, il suffit de considérer ce qui se passe dans une petite turbine O dont l'axe serait constitué par un cordon AB bien tendu. Qu'on fasse passer un courant d'eau ou d'air au travers de la turbine, et le courant s'accentuant, la turbine, au fur et à mesure que son mouvement de rotation s'accentuera, prendra un mouvement

de révolution de plus en plus rapide et de plus en plus élargi ; or, ce sont là les éléments créateurs de la lumière et de la chaleur; la fréquence des révolutions ou vibrations engendre la lumière, l'amplitude engendre la chaleur. Ces deux énergies ne prennent naissance bien entendu qu'aux dépens du mouvement de rotation qui lui est le mouvement créateur de l'électricité.

Pour prévenir ces mouvements parasitaires, il n'est d'autre moyen que de limiter le mouvement de rotation de la turbine, c'est-à-dire l'intensité du courant, ce qui peut se faire par deux voies, en prenant un gros fil présentant un grand nombre de rangées de molécules, ou bien sans changer la section du fil, en augmentant la tension ou voltage du courant, la molécule turbine fournit alors un faible débit, mais sous une forte pression; or, en électricité comme en hydraulique, l'énergie d'un courant se mesure par le produit du débit par la tension.

C'est ce dernier moyen que l'on adopte pour le transport de

l'énergie électrique, on commence par abaisser le débit et accroître la tension ou voltage au départ pour n'avoir plus à transporter qu'un courant de faible débit ou intensité.

On remarquera que, dans l'exposé que je viens de faire, j'ai mélangé le cas hydraulique avec le cas électrique, sans qu'on s'en soit sans doute aperçu, tellement l'identité est parfaite.

Une conséquence du mouvement de révolution des molécules dans un circuit électrique est, en outre de la production de chaleur, un affaiblissement considérable du pouvoir de conduction du fil ; cela résulte sans doute de ce que les molécules, douées d'une forte amplitude de révolution, ne se trouvent jamais bien en face les unes des autres, et par suite se transmettent mal le courant. Une autre conséquence, c'est que les révolutions ou vibrations des molécules s'exécutant dans un même plan, lequel est perpendiculaire au fil, la chaleur et la lumière électriques doivent être polarisées.

Il peut arriver et il arrive parfois que dans le courant électrique on recherche une température élevée, dans le cas de soudures autogènes, par exemple ; alors on diminue le plus possible le voltage pour obtenir le plus possible d'intensité ; car, je le répète, c'est l'intensité seule qui produit la chaleur, le voltage n'y est pour rien. D'autres fois, c'est la lumière qu'on a en vue d'obtenir, alors il faut chercher des corps où l'énergie parasitaire se traduit non en amplitude, mais en fréquence de vibrations ; les corps qui réaliseront cette condition seront les mieux qualifiés pour servir dans les lampes à incandescence ; ce sont le charbon, le tantale, le tungstène, l'osmium, etc.

TRANSFORMATIONS ET ÉQUIVALENCES D'ÉNERGIES
MOLÉCULAIRES

La considération des énergies engendrées par les mouvements des molécules jette une grande clarté non seulement sur la genèse de ces énergies, mais sur leurs équivalences et leurs transformations les unes dans les autres, car ce sont les énergies moléculaires qui sont à la base de toutes les autres.

Nous avons déjà examiné quelques points de la chaleur, de la lumière et de l'électricité ; mais il existe un grand nombre d'autres points obscurs, les chaleurs latentes, les chaleurs de compression et de combinaison, la pression des gaz, etc.

Lorsqu'un liquide est chauffé jusqu'à l'ébullition, dès que celle-ci est atteinte la température ne s'élève plus et la chaleur fournie à nouveau sert tout entière à la vaporisation ; l'énergie utilisée à cette transformation, et qui n'est plus accusée par une élévation de température, est dite chaleur latente de vaporisation, elle s'élève pour l'eau à 537 calories pour un kilogramme alors que 100 calories ont suffi pour porter cette eau de 0° à 100°. Quelle est l'explication de cette chaleur latente ?

Les molécules d'eau qui restent à l'état liquide dans le récipient en ébullition n'absorbent plus de chaleur, elles accomplissent toujours le même nombre de vibrations dans un orbite qui ne varie plus. Toute l'énergie fournie à nouveau est employée à libérer de la cohésion un certain nombre de molécules, et ces molécules devenues gazeuses, c'est-à-dire libres, emportent l'énergie supplémentaire sous la forme de mouvements de translation ; les molécules gazeuses possèdent en effet une vitesse de translation énorme, qui pour la molécule d'hydrogène n'est pas moindre de 1.844 mètres par seconde ; on peut donc conclure qu'un gaz renferme plus d'énergie que le liquide correspondant.

Le point d'ébullition ou de rupture de la cohésion correspond au moment ou l'énergie de translation de la molécule devient supérieure à la pression atmosphérique, il est de 100° pour l'eau à la pression atmosphérique de 760 millimètres de mercure et de 84° au sommet du Mont-Blanc ; c'est même là un moyen de mesurer les altitudes.

Inversement, une vapeur se condensant engendre de la chaleur ; par la même genèse, un liquide cristallisant ou simplement se solidifiant dégage de la chaleur, parce que les mouvements de translation des molécules liquides étant anéantis se transforment en mouvements de révolution générateurs de la chaleur.

Par un processus opposé, un corps qui se dissout produit du

froid parce qu'il a changé une grande partie de ses mouvements de révolution ou vibrations en mouvements de translation.

Ces vues physiques ont fourni à Helmholtz l'occasion d'une explication de la chaleur solaire que Laplace n'avait pas entrevue ; Laplace supposait que le point de départ de notre monde solaire était une nébuleuse douée d'une très haute température et qu'au fur et à mesure de son refroidissement la nébuleuse s'était condensée ; c'est le contraire qui s'est produit, c'est la condensation de la nébuleuse qui a produit la chaleur, et c'est cette condensation qui encore aujourd'hui entretient la chaleur solaire qui nous vivifie : l'explication de Helmholtz a fait disparaître une des difficultés de l'hypothèse de Laplace, car d'où serait venue la haute température de la nébuleuse.

Les chaleurs de combinaison s'expliquent aussi aisément que les transformations précédentes. Certaines combinaisons produisent de la chaleur ; d'autres en absorbent. De l'acide azotique se combinant avec du cuivre produit une chaleur intense ; cela signifie que, dans la combinaison, les mouvements productifs de la chaleur se sont accrus aux dépens des autres mouvements moléculaires ; cette chaleur en déséquilibre avec le milieu ambiant se dissipant au dehors, la combinaison est par cela même stable parce que pour la détruire il faut lui fournir l'équivalent de cette chaleur disparue. Berthelot a désigné ces combinaisons productrices de chaleur sous le nom de **exothermiques.**

Les combinaisons **endothermiques,** au contraire, sont celles qui absorbent de la chaleur, telles la combinaison d'acide azotique et de cellulose, le chlorure d'azote, le fulminate de mercure, le carbure de calcium, etc. Toutes ces combinaisons sont instables parce qu'elles détiennent une énergie supérieure à celle du milieu ambiant et que dès lors elles abandonnent cette énergie sous l'effet de la moindre cause, parfois le simple frôlement d'une barbe de plume. Toutes les substances explosives sont endothermiques.

Dans les gaz l'énergie réside dans le mouvement de translation de la molécule, et toutes les propriétés des gaz s'expliquent par ce seul mouvement. Si, dans un récipient, on enferme un gaz

sous la même pression que l'atmosphère extérieure, on ne remarque rien, ce n'est pas que rien ne se passe dans ce récipient, il
est au contraire le siège d'un tumulte moléculaire effroyable et
dont nulle imagination ne peut se faire une idée. Il y a là en effet
des milliards de molécules, sortes de projectiles infimes se mouvant avec des vitesses de centaines de mètres à la seconde et se
choquant des milliards de fois dans le même temps. Cependant
rien ne se manifeste au dehors, pourquoi? Parce que les molécules d'air de l'extérieur étant animées des mêmes mouvements
viennent choquer les parois extérieures du récipient avec une
énergie égale et rétablissent l'équilibre.

L'équilibre prétendu statique des gaz n'est donc en réalité
qu'un équilibre dynamique, un équilibre d'énergies qui se
contre-balancent. Les mouvements incohérents et désordonnés
des molécules aboutissent, par suite de leur grand nombre, à une
moyenne qui se retrouve toujours la même dans les mêmes
conditions.

Lorsqu'on comprime le gaz dans le récipient, le déséquilibre
se manifeste aussitôt, par la pression et une élévation de température. L'augmentation de pression est due aux chocs plus
nombreux des molécules contre les parois, chocs qui ne sont
plus ici contre-balancés par les chocs extérieurs ; quant à la chaleur, elle provient de ce fait qu'une partie des mouvements de
translation des molécules gazeuses s'est transformée en vibrations à la suite des collisions devenues plus nombreuses des
molécules entre elles. Cette chaleur se dispersant au dehors, on
peut conclure qu'un gaz comprimé avec accompagnement de
chaleur contient, lorsqu'il s'est refroidi, moins d'énergie qu'auparavant.

Ce sont, ai-je dit, les énergies moléculaires qui se trouvent à la
base de toutes les énergies de masse ; on sait en effet comment
on peut chauffer un corps, nous savons ou du moins nous sau-
rons comment l'électricité, qui elle aussi est due à un mouvement moléculaire, produit des énergies considérables.

Les mouvements de translation des gaz sont de même à la
base de tous nos moteurs à gaz et des moteurs à vapeur en particulier ; chez ces derniers le mouvement du piston est dû au
mouvement de propulsion de la molécule gazeuse qui vient

presser alternativement sur une face et sur l'autre du piston.

Les trois éléments de mouvements moléculaires engendrent chacun une énergie, mais ils produisent également des ondes capables de transmettre ces énergies à distance à la vitesse de 300.000 kilomètres par seconde. La fréquence des vibrations produit des ondes lumineuses, l'amplitude produit des ondes calorifiques; enfin, les rotations produisent des ondes particulières ou lignes de force transmettant l'énergie électrique et sans doute aussi la gravitation.

De la production de la chaleur dans le choc. — Ce que l'on comprend moins aisément, c'est comment une énergie de masse redevient une énergie moléculaire; comment par exemple un choc engendre de la chaleur ; pour préciser par un exemple, je prendrai le cas d'une balle ou d'un boulet frappant une cible.

Une balle d'acier frappe sur une cible, et revient en arrière sur une certaine distance ; cette balle a perdu une certaine quantité d'énergie ou force vive. Qu'est devenue cette force vive perdue? Elle s'est, dit-on, transformée en chaleur et on s'en tient là ; mais un esprit qui veut voir clair va au delà de cette explication qui n'est autre chose qu'une simple constatation ; il reconnaît alors que l'énergie perdue par la balle s'est communiquée aux molécules de la cible dont les vibrations ont augmenté en fréquence et surtout en amplitude ; chaque molécule a ainsi accru sa force vive, et la somme de ces accroissements élémentaires représente exactement la force vive perdue par le projectile.

Il en est de même dans le frottement. Le frottement absorbe de la force vive, parce que les molécules du corps frotté accroissent leurs mouvements sous forme de chaleur généralement. C'est pour le même motif qu'un forgeron frappant un fer chaud entretient sa chaleur ; il pourrait même par le simple martelage amener son fer froid à l'incandescence sans le secours de la forge ; un forgeron pourrait à la rigueur se passer de forge.

La chaleur est donc une énergie cinétique due à des vibrations moléculaires, on persiste cependant à la considérer comme une énergie ayant son existence propre et cette énergie est même considérée comme d'essence inférieure.

Dans une machine une portion de l'énergie transmise se perd ; au commencement du siècle dernier, dit Janet, on eût dit que cette énergie perdue avait été absorbée par le frottement ou par des chocs ; aujourd'hui nous disons qu'elle s'est transformée en chaleur. Pense-t-on, vraiment, que la nouvelle explication vaille mieux que l'ancienne et éclaire-t-elle d'un meilleur jour la marche du phénomène ?

LIGNES DE FORCE. ATTRACTIONS.
INFLUENCE ÉLECTRIQUE

LIGNES DE FORCE

Dans un courant d'eau, le courant prend une forme en accord avec celle de l'impulsion ; l'onde de propagation prend naturellement la même forme. Si le courant est engendré par un piston, l'onde consistera, comme dans une rangée de billes recevant des chocs successifs, en compressions et dilatations successives des molécules. Si le courant est mis en mouvement par une turbine, il sera hélicoïdal et il en sera de même de son onde de propagation qui parcourt 1.435 mètres à la seconde.

En électricité l'onde prendra également la forme du courant.

Nous avons reconnu que le courant électrique qui parcourait le fil était en réalité formé d'une multitude de courants élémentaires engendrés par autant de files de molécules. La molécule étant hélicoïdale le courant élémentaire est hélicoïdal, et de même l'onde de propagation qui l'accompagne et qui se propage à la vitesse de 300.000 kilomètres par seconde. Cette onde de propagation élémentaire est la ligne de force qui joue un si grand rôle en électricité, surtout lorsqu'elle parcourt l'espace en dehors de toute matière ; c'est elle en effet qui produit les attractions et les répulsions, et aussi les phénomènes d'influence.

Dans un courant électrique, les lignes de force restent confinées dans les rangées moléculaires élémentaires et ne se manifestent pas au dehors ; si, au contraire, le courant est interrompu et que néanmoins l'électromoteur continue à propulser, les lignes de force sortent au dehors et parcourent l'espace, avec la même vitesse de propagation qu'elles possédaient dans le courant ; du côté négatif ou aspirant les lignes de force tournent dans le sens aspirant ; du côté positif elles sortent en tournant dans le sens propulsant.

On rencontre les mêmes particularités dans les aimants comme nous le verrons plus loin ; si l'aimant forme un circuit fermé, s'il est en forme d'anneau par exemple, les lignes de force ne sortent pas à l'extérieur et l'aimant ne jouit d'aucune propriété d'attraction, mais si le circuit est coupé les lignes sortent au dehors et les propriétés attractives apparaissent.

Les lignes de force n'ont nullement besoin de matière pour se constituer ; leur milieu est l'éther lumineux qui emplit l'espace, et elles cheminent dans ce milieu avec leur maximum de vitesse, soit 300.000 kilomètres par seconde ; dans leur passage à travers la matière, cette vitesse est retardée comme elle l'est pour les vibrations lumineuses dans les mêmes conditions, cependant pour la commodité de l'exposition nous parlerons toujours d'une vitesse de propagation de 300.000 kilomètres dans les fils conducteurs quels qu'ils soient.

Pour avoir une idée des lignes de force, considérons un barreau aimanté ; les molécules y sont orientées et alignées comme dans un courant électrique. L'aimant diffère bien d'un courant, et nous verrons plus loin en quoi ; mais les lignes de force y sont de même nature que dans l'électricité ; or l'aimant a cet avantage de nous révéler ces lignes de force.

Posons en effet sur une table un barreau aimanté ; par-dessus plaçons une feuille de papier bien horizontale et répandons-y au moyen d'un tamis de la fine limaille de fer ; celle-ci se dispose en rangées linéaires innombrables se rendant d'un pôle à l'autre, ce sont les lignes de force de l'aimant.

Le seul fait que les lignes de force restent linéaires implique qu'elles sont de forme tourbillonnaire, sans quoi elles s'étaleraient à la sortie de l'aimant; ce caractère tourbillonnaire ressort d'ailleurs de nombreuses expériences ; la ligne de force

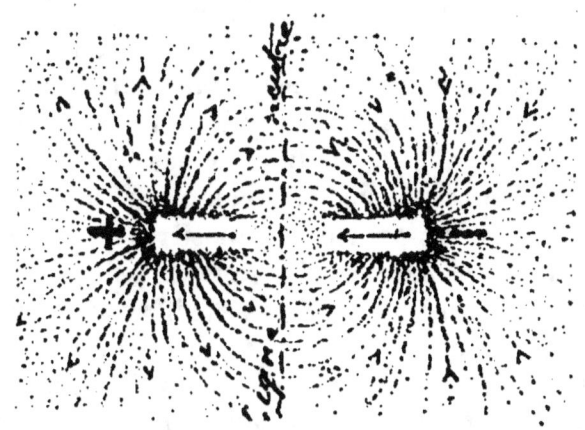

électrique est de même nature que la ligne de force magnétique, on peut même dire qu'elle lui est identique et n'en diffère que par une plus grande énergie.

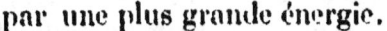
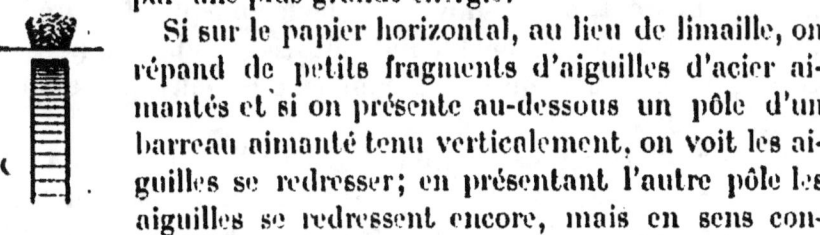

Si sur le papier horizontal, au lieu de limaille, on répand de petits fragments d'aiguilles d'acier aimantés et si on présente au-dessous un pôle d'un barreau aimanté tenu verticalement, on voit les aiguilles se redresser; en présentant l'autre pôle les aiguilles se redressent encore, mais en sens contraire. Cela met en évidence que par un côté la ligne de force est propulsante, et que par l'autre elle est aspirante.

Nous avons la conviction que divers auteurs ont souvent confondu les ondulations ou lignes de force avec des émissions de particules de matière et la vitesse de propagation de ces ondes avec la vitesse desdites particules, on a abouti ainsi à des chiffres fantastiques qui confondent l'imagination. C'est ainsi que nous avons lu dans un ouvrage récent d'un auteur en renom, que l'énergie cinétique possédée par un gramme de cuivre serait suffisante pour faire parcourir à un train de marchandises quatre fois la circonférence du globe terrestre.

ATTRACTIONS ÉLECTRIQUES

Nous abordons ici un des points les plus mystérieux de l'électricité, un de ceux qui ont le plus exercé la sagacité des physiciens et l'imagination des penseurs. Comment concevoir en effet qu'un corps en puisse attirer un autre à distance, aucune liaison n'apparaît capable de produire un pareil effet.

Une ligne de force est constituée comme un tire-bouchon, tire-bouchon formé il est vrai d'une matière très subtile, l'éther, mais tournant avec une excessive rapidité puisqu'il est reconnu que les mouvements moléculaires se chiffrent par trillions à la seconde. Dès lors, qu'une ligne de force rencontre un corps bon conducteur de l'électricité, c'est-à-dire un corps dont les molécules s'orientent facilement, et cette ligne de force orientant les molécules dans son sens s'y vissera et l'effet sera le même que lorsqu'un tire-bouchon rencontre un corps dans lequel il peut se visser, il l'attirera.

Mais si le corps influencé, si le bouchon résiste, c'est alors le corps attirant, c'est-à-dire le tire-bouchon, qui est attiré lui-même ; de même que lorsque nous tirons quelqu'un à nous, si ce quelqu'un résiste ou se cramponne, c'est nous qui sommes attiré vers lui.

Lorsque l'attraction se produit, naturellement la ligne de force se raccourcit comme le fait le tire-bouchon lui-même lorsqu'il s'enfonce ; il n'est pas besoin d'insister là-dessus. C'est là tout ce que la science a aperçu dans le phénomène de l'attraction électrique, elle constate que **la ligne de force a une tendance à se raccourcir.**

De même que pour les courants, l'énergie d'une ligne de force dépend de sa vitesse de rotation et de sa tension ; un tire-bouchon tournant à la même vitesse vaincra une résistance d'autant plus considérable, qu'il sera manœuvré par une main plus énergique.

Quoique la ligne de force en tire-bouchon ait la faculté d'attirer, les particules d'éther qui la composent ne sont animées d'aucun mouvement de progression. Pour s'en rendre compte,

il suffit de considérer un tire-bouchon en acier attirant un bouchon ; chaque molécule d'acier se borne à décrire sur place un
mouvement circulaire ; il en est de même dans la ligne de force
d'éther, le processus y est analogue à celui qu'accomplit une
molécule dans une onde sonore ou dans une onde liquide, où
chaque molécule se borne à osciller autour d'une position
moyenne à laquelle elle revient sans cesse.

Si la ligne de force rencontre un corps mauvais conducteur,
elle le traverse sans l'attirer parce qu'elle n'a pu s'y visser ; elle
n'a pas intéressé les molécules qui n'étaient pas en accord avec
elle ; en un mot le corps est resté transparent pour la ligne de
force électrique. Ceci n'est absolument vrai d'ailleurs que pour
les mauvais conducteurs absolus, car chez les diélectriques les
molécules finissent à la longue par s'orienter.

Mais cette question de bonne et de mauvaise conductibilité
est assez importante pour que nous l'approfondissions davantage, puisque d'elle dépend l'attraction électrique.

J'ai envisagé cette question dans mon opuscule de 1914 et
dans le présent ouvrage j'en ai repris quelques points ; malgré
cela d'autres détails ne seront pas superflus ; tout d'abord j'ai
considéré deux lames de diapason ; l'une d'elles vibrant fera
entrer l'autre en vibration si cette dernière est en accord,
c'est-à-dire si elle émet le même nombre de vibrations par
seconde ; si la lame influencée n'est pas en accord, elle restera
insensible et ne bougera pas.

De même une onde calorifique d'une fréquence déterminée
mettra en vibration les molécules d'un métal parce que les
molécules du métal sont en accord et alors le métal s'échauffera ;
mais l'onde laissera indifférentes les molécules d'un morceau de
sel gemme parce que ces molécules sont en désaccord et le sel
gemme restera froid ; dans ce cas les ondes calorifiques traverse-
ront et pourront aller échauffer plus loin d'autres corps. **Le
métal opaque aux ondes calorifiques est dit bon conducteur ; le sel
gemme transparent aux mêmes ondes est dit mauvais conducteur.**

Un troisième cas peut se présenter, celui où l'onde calorifique tombe sur une surface métallique polie ; l'onde n'est alors
ni absorbée ni transmise, elle est **renvoyée, réfléchie.** C'est le

phénomène de la réflexion. Dans tous ces cas le mécanisme est d'une simplicité remarquable.

C'est par le même processus de l'accord et du désaccord qu'une ampoule de quartz laisse passer les radiations ultra-violettes, tandis qu'une ampoule de verre les arrête. Certains verres ne laissent passer que les radiations rouges et arrêtent toutes les autres, et c'est pourquoi le verre paraît rouge. Le verre par lui-même ne possède aucune couleur, la preuve en est que si dans le faisceau lumineux on supprime les radiations rouges, le verre paraît noir ; une planche, un livre, se laissent traverser par les rayons Rœntgen, mais un métal les arrête ; le métal est bon conducteur pour les rayons Rœntgen, le livre et la planche sont mauvais conducteurs.

Les ondes hertziennes ou de la télégraphie sans fil traversent le verre, les murailles, etc., parce que ces ondes sont en désaccord avec les molécules de ces corps ; mais elles sont arrêtées par les molécules de cuivre, etc.

Nous pourrions nous étendre longuement sur ce sujet sans l'épuiser et sans risquer d'être accusé de plagiat, car ces vues sont entièrement nouvelles et ouvrent à la science des horizons insoupçonnés ; elles font en outre ressortir l'unité des processus dans la diversité des phénomènes dus aux radiations.

Pourquoi l'électricité ne peut-elle se mouvoir en dehors de la matière. — Pourquoi l'électricité ne peut-elle, comme l'air par exemple, circuler en dehors de la matière, c'est-à-dire sans être propulsée par des molécules? Je pourrais répondre que c'est là une propriété reconnue de l'électricité. Je ne m'abriterai pas derrière une pareille explication.

A mon sens l'électricité ne se meut pas sans support matériel, par défaut d'inertie, parce qu'elle possède une matérialité presque nulle ; je m'explique : un corps n'est mis en mouvement que par une impulsion étrangère. il emmagasine alors une force vive mesurée par la formule $1/2\ MV^2$, c'est-à-dire le demi-produit de la masse du corps par le carré de la vitesse qui lui est communiquée, or la masse ou l'inertie de l'éther étant presque nulle, il faudrait pour que des particules puissent recueillir une énergie sensible que la vitesse qui leur est imprimée fût considérable, or la vitesse de l'électricité (je ne parle pas de la vitesse de propagation) est sans doute très faible ; ce serait là le motif pour lequel l'électricité ne saurait se mouvoir seule, sans support matériel.

Il en est autrement dans les champs électro-magnétiques engendrés par la rotation des molécules d'un fil conducteur, ici la vitesse est excessive et se chiffre par trillions à la seconde, aussi dans ces champs tournants l'éther peut-il être entraîné sans support d'aucune matière et c'est ainsi que nous les avons considérés.

COMMENT NAISSENT LES LIGNES DE FORCE

Considérons deux sphères métalliques réunies par un fil conducteur ; en un point A de ce fil si nous plaçons un électromoteur quelconque orientant les molécules du fil, il s'établira dans ce dernier un courant qui aspirera de l'électricité de l'une des sphères et la refoulera dans l'autre, et le déficit dans l'une sera rigoureusement égal à l'excès dans l'autre.

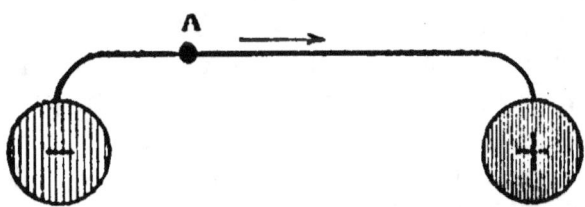

Enlevons la communication, nous aurons deux sphères métalliques électrisées l'une **+** l'autre **—**, c'est-à-dire contenant l'une de l'électricité ou éther en déficit, l'autre de l'électricité en excès. Si nous remettons les deux sphères en communication par un fil métallique, elles reprendront l'état neutre ; ceci confirme encore une fois ce que nous avons dit ailleurs que l'électricité se comporte comme une matière, et qu'on ne peut en accumuler en un point sans en prendre une égale quantité dans un autre point ; en un mot à chaque **+** correspond un **—** rigoureusement équivalent en quantité.

Nous sommes loin, comme on le voit, de la théorie des deux fluides qui admet qu'il existe dans les corps une électricité neutre laquelle peut se dédoubler en deux fluides, l'un positif, l'autre négatif. Dans cette hypothèse tout appareil producteur d'électricité se bornerait à décomposer le fluide neutre.

Ne considérons que l'une des sphères, la **+** par exemple. Lorsque dans une sphère creuse on comprime de l'air, celui-ci tend à sortir et exerce une pression normale sur les parois ; si nous imaginons que la sphère soit remplie de petites turbines pouvant s'orienter en tous sens, l'air orientera ces turbines normalement à la surface et il s'échappera lui-même en filets hélicoïdaux accompagnés d'une onde hélicoïdale se propageant à la vitesse de 330 mètres par seconde ; dès que l'excès d'air se sera écoulé, c'est-à-dire aura repris sa tension neutre, tout rentrera dans la disposition première.

Revenons à notre sphère métallique électrisée **+** : comme tout fluide élastique, l'électricité en excès tendra à sortir normalement à la surface de la sphère, elle orientera par conséquent les molécules du métal en files normales à cette surface ; ces molécules orientées propulseront l'électricité et l'appliqueront contre la surface ; cela fait, l'électricité ayant repris sa tension neutre, les molécules reprendront dans la sphère leur orientation première.

Mais pourquoi, alors que l'air était expulsé, l'électricité reste-t-elle appliquée contre la surface ? Pour ce motif que l'électricité ne peut se mouvoir en dehors de la matière ; or, autour de la sphère, il n'existe pas de molécules fixes susceptibles de recevoir l'électricité propulsée. Telle est l'explication cinétique de cette **propriété de l'électricité de se porter à la surface des corps bons conducteurs.**

Cette genèse rend compte de la particularité suivante : si le corps au lieu d'être sphérique est ovale, la partie ovale renfermera davantage d'électricité, et davantage encore si la sphère se termine en pointe. Cela résulte tout simplement de ce que la file de molécules étant plus longue du côté de l'ovale ou de la pointe, la quantité d'éther qu'elle y accumule est plus considérable,

L'électricité appliquée contre la surface du conducteur, dans ses efforts pour sortir, oriente les molécules de la surface dans le sens de l'expulsion normale ; mais, bien que ces molécules ne puissent expulser, elles créent néanmoins par leur rotation une agitation hélicoïdale dans l'éther ambiant, laquelle agitation engendre une ligne de force tourbillonnante semblable à celle qui accompagne les courants et se propageant comme elle, à la vitesse de 300.000 kilomètres par seconde ; cette ligne de force est naturellement, de par sa genèse, normale à la surface du corps électrisé.

La tendance à sortir que possède l'électricité **+** appliquée contre la surface de la sphère, est mise en évidence par l'expérience suivante : si on applique contre la sphère électrisée, deux calottes hémi-sphériques en métal, lorsqu'on enlève ces calottes on reconnaît que l'électricité toute entière y est passée et qu'il n'en reste rien sur la surface de la sphère électrisée. Si la sphère électrisée se recouvre d'une couche d'humidité, l'électricité est de même refoulée dans cette couche et elle disparaît quand on l'essuie, c'est pourquoi un corps ne se conserve électrisé que dans un air sec.

Le même processus s'applique à un corps électrisé **—** : les molécules orientées propulsent ici vers le centre, et au fur et à mesure que la tension neutre est rétablie à partir de ce centre, les molécules reprennent leur position première, sauf celles de la surface qui restent orientées normalement dans le sens de l'aspiration, et tout le déficit ou toute l'électricité **—** reste confiné à cette surface, aucune électricité ne pouvant rentrer du dehors faute de molécules susceptibles de la propulser.

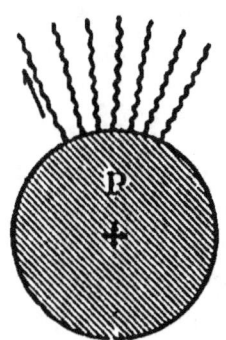

D'après ce que je viens d'exposer, un corps électrisé **+** est entouré comme d'une auréole de lignes de force propulsantes en forme de tire-bouchons, normales à sa surface ; un corps électrisé **—** est entouré de lignes aspirantes ; si ces tire-bouchons tournent à vide, ils dépenseront très peu d'énergie, aussi un corps électrisé peut-il rester électrisé pendant des années en conservant sa faculté d'attraction et d'influence.

Cette genèse des lignes de force fait bien ressortir que ces lignes ne puissent se manifester au dehors que dans l'électricité statique, elles résultent en effet d'une tendance de l'électricité à sortir où à rentrer, tendance qui oriente les molécules de la surface du réservoir dans le sens de l'expulsion ou dans celui de l'aspiration, normalement aux surfaces ; dans un fil conducteur, au contraire, les lignes de force restent confinées dans le courant.

Il en est de même dans un aimant et pour les mêmes motifs ; si l'aimant n'est pas fermé, les lignes de force se manifestent au

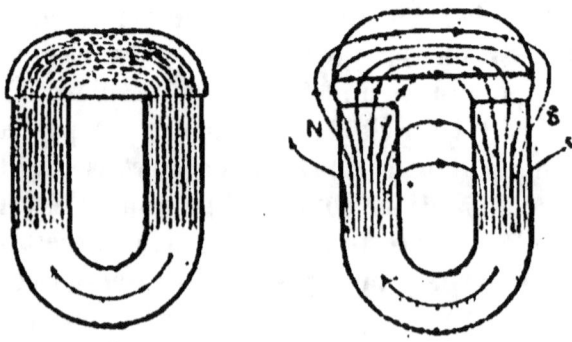

dehors comme dans un courant interrompu ; s'il est fermé, au contraire, les lignes de force restent à l'intérieur et rien ne se manifeste au dehors ; les deux croquis ci-contre représentent exactement ces deux manières d'être révélées chez l'un d'eux par les fantômes magnétiques de limaille.

INFLUENCE ÉLECTRIQUE

Avant d'aborder la question de l'influence électrique, il n'est pas sans intérêt de jeter un coup d'œil sur les phénomènes de l'influence en général. Toutes les radiations exercent une influence sur certains corps, tandis que d'autres corps y restent indifférents. Les premiers sont des corps bons conducteurs, les autres sont dits mauvais conducteurs.

J'ai eu souvent occasion d'exposer en quoi consistent, vis-à-vis d'une radiation, la bonne et la mauvaise conductibilité. Un corps bon conducteur pour une radiation est celui dont les molécules sont en accord avec cette radiation ; alors la radiation est arrêtée et le corps est opaque pour elle. **Bonne conductibilité, accord, opacité** sont donc synonymes. Un corps mauvais conducteur pour une radiation est au contraire celui dont les molécules sont en désaccord avec cette radiation ; celle-ci les traverse alors sans les intéresser et même sans être affaiblie si le désaccord est absolu. **Mauvaise conductibilité, désaccord, transparence** sont donc également synonymes ; cela est vrai pour tous les corps et pour toutes les radiations ; un métal est bon conducteur pour la chaleur parce que, étant en accord avec les ondes calorifiques, ses molécules les arrêtent, autrement dit le métal leur est opaque. Une plaque de sel gemme au contraire est mauvaise conductrice et les radiations calorifiques la traversent sans l'échauffer ; le sel gemme est transparent pour la chaleur. Un morceau de charbon arrête les radiations lumineuses, le charbon est opaque à la lumière ; le verre au contraire est transparent pour les mêmes radiations et les laisse passer ; mais le verre ordinaire est opaque pour les radiations ultra-violettes, tandis qu'un verre de quartz se laisse traverser par elles.

En électricité un corps est bon conducteur lorsque ses molécules sont en accord avec les lignes de force influentes. Le corps arrête alors les lignes de force, il est opaque pour elles et il s'électrise.

Une plaque d'ébonite au contraire se laisse traverser, l'ébonite est mauvais conducteur ou transparent pour les lignes de force électriques, qu'on appelle aussi lignes d'influence ou lignes d'induction.

En magnétisme, une plaque de fer est opaque pour les lignes de force magnétiques, elle les arrête et s'aimante ; une plaque de cuivre, au contraire, est mauvaise conductrice et les laisse passer, elle est transparente pour ces mêmes lignes de force magnétiques. Dans le son, un diapason est bon conducteur vis-à-vis d'un autre diapason en accord avec lui, il est mauvais conducteur et reste indifférent s'il n'est pas en accord ; c'est précisément par un exemple de diapasons que dans mon opuscule de 1914 **Courants électriques, Courants hydrauliques,** j'ai établi le processus de la bonne et de la mauvaise conductibilité, processus qu'il a suffi d'ailleurs d'exposer pour faire comprendre ces deux manières d'être des corps vis-à-vis des radiations.

Toute radiation exerce une influence sur les corps qui lui sont bons conducteurs. Les ondes calorifiques du Soleil exercent une influence calorifique sur la Terre, un aimant l'exerce sur un morceau de fer, un corps électrisé l'exerce sur un métal, un diapason l'exerce sur un autre diapason en accord, les corps célestes exercent une influence gravifique sur les autres corps célestes.

L'influence, au contraire, ne s'exerce pas sur les corps mauvais conducteurs ; ces idées me sont personnelles et n'ont, que je sache, été exposées nulle part, on continue même à ignorer en quoi consistent la bonne et la mauvaise conductibilité.

Toutes les tentatives, dit Becquerel, qu'on a faites jusqu'ici pour déterminer les relations qui existent entre les corps conducteurs et les non-conducteurs ont été infructueuses.

PHÉNOMÈNES ET MÉCANISME DE L'INFLUENCE ÉLECTRIQUE

Abordons maintenant le mécanisme de l'influence électrique sur lequel nous appelons expressément l'attention ; il est des plus simples et, chose remarquable, malgré la dissemblance des effets produits, la cause et le mécanisme en sont les mêmes que pour l'attraction électrique ; ils s'exercent seulement dans des conditions différentes.

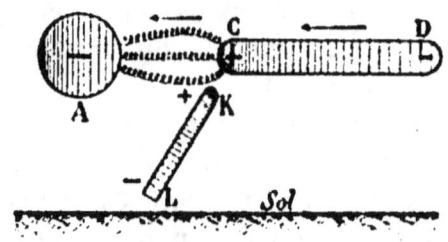

Lorsqu'on met en présence un corps électrisé et un corps neutre bon conducteur, si l'un des corps est mobile, il y a attraction ; lorsque, au contraire, le corps électrisé et le corps neutre sont tous deux fixes, il y a influence, en quoi consiste cette influence ?

En face d'une sphère A électrisée — plaçons un cylindre en cuivre CD. Voici ce qui va se produire : les lignes de force émanées de A tournant dans le sens d'un tire-bouchon aspirant, vont se visser dans le corps CD qui est bon conducteur et l'attirer ; si CD résiste parce que trop lourd ou pour tout autre motif, c'est le corps attirant A qui sera attiré lui-même ; mais si ce dernier résiste à son tour, l'attraction ne pouvant s'exercer, ce sont les phénomènes d'influence qui vont se produire, c'est-à-dire des phénomènes qui n'ont ou du moins ne paraissent avoir aucune relation avec ceux de l'attraction.

Les deux corps, influent et influencé étant fixes, les lignes de force de A orienteront dans leur sens les molécules de CD comme elles le faisaient d'ailleurs dans le cas de l'attraction, et celles-ci orientées propulseront l'électricité ou éther dans lequel elles sont noyées ; l'électricité sera ainsi accumulée vers l'extrémité C et raréfiée à l'autre extrémité D, d'où l'explication de ces propriétés reconnues mais restées mystérieuses de l'électricité statique, à savoir que **les électricités de même nom se repoussent et que celles de noms contraires s'attirent.** Peut-on imaginer un processus et une cause plus simples et plus rationnels ?

Mais les lignes de force de CD exerçant à leur tour une influence sur A, il se produit sur ce dernier corps, quoique déjà électrisé, une orientation des molécules qui raréfie davantage l'électricité en face de C et l'accumule sur la face opposée, cette accumulation peut même être telle que la face postérieure devienne positive, de négative qu'elle était primitivement. Une conséquence de cette nouvelle distribution est que du côté C les lignes de force de A sont renforcées et affaiblies sur la face opposée, ou parfois même elles deviennent positives.

Si nous avions expérimenté avec une sphère métallique positive, le même phénomène se fût produit, mais en sens inverse. Je ne m'appesantirai pas sur ce cas dont le processus est suffisamment clair ; examinons maintenant diverses particularités de l'influence et voyons si l'identité hydraulique ou plutôt pneumatique se maintient toujours. Si nous enlevons le corps électrisé influent, l'orientation disparaît en CD et par suite l'électricité y reprend l'état neutre ; mais si pendant qu'agit l'influence nous mettons l'extrémité D en communication avec le sol, de l'électricité rentrera du sol, D se mettra à l'état neutre et en C nous aurons de l'électricité plus comprimée qu'auparavant, de sorte que si, après avoir coupé la communication avec la Terre, on enlève l'influence, on retrouve dans le cylindre CD de l'électricité positive uniformément répartie ; ce processus est identique qu'il s'applique à l'électricité ou à un gaz.

Mais si pendant qu'agit l'influence nous touchons du doigt le pôle C ou bien si nous le mettons en communication avec la Terre par le moyen d'une tringle métallique nous allons être témoins d'un phénomène extraordinaire, invraisemblable ; il semblerait que C contenant de l'électricité en excès, cet excès dût s'écouler dans le sol dès qu'une issue lui est offerte ; or c'est le contraire qui se produit, c'est de l'électricité qui rentre du sol ; pour trouver l'explication de cette apparente anomalie, il est nécessaire de décomposer le phénomène.

Considérons un conducteur auxiliaire KL arasant le pôle C et le sol mais sans les toucher ni l'un ni l'autre, l'influence de A va se produire dans ce conducteur auxiliaire exactement comme dans le conducteur principal CD, de l'électricité + se rassemblera en K, de l'électricité — en L et les tensions y seront les mêmes qu'en C et en D ; à ce moment faisons toucher la barre KL au sol, le côté L qui était négatif deviendra neutre et le côté K deviendra plus positif qu'auparavant grâce à l'électricité qui aura été puisée dans le sol. C'est exactement ce qui s'était passé en CD ; nous aurons donc en K de l'électricité sous une tension plus forte qu'en C de sorte qu'en mettant en contact K et C de l'électricité rentrera dans C au lieu d'en sortir, et nous retombons sur la même distribution que lorsque nous avions touché D. Telle est l'explication du paradoxe, et loin de violer l'identité pneumatique, ce paradoxe en est une confirmation nouvelle. Tous les phénomènes d'influence statique, tous sans exception s'expliquent avec la même facilité et par le même processus.

Mécanisme des attractions et des répulsions. — De ce qui précède il résulte que deux corps chargés d'électricités

contraires doivent s'attirer parce que leurs tire-bouchons tournant dans le même sens se confondent et forment un tire-bouchon unique ; si, au contraire, les corps sont électrisés de même
nom ils se repoussent parce que leurs tire-bouchons tournant

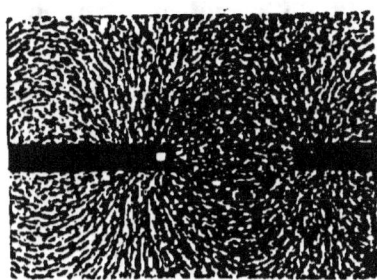 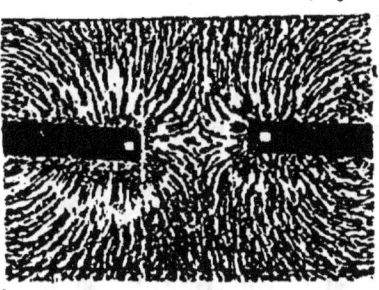

en sens contraires et par suite ne pouvant se confondre se
replient comme des ressorts très élastiques qu'ils sont en réalité ; cela se voit nettement dans les fantômes magnétiques
obtenus avec de la limaille de fer lorsque deux aimants sont

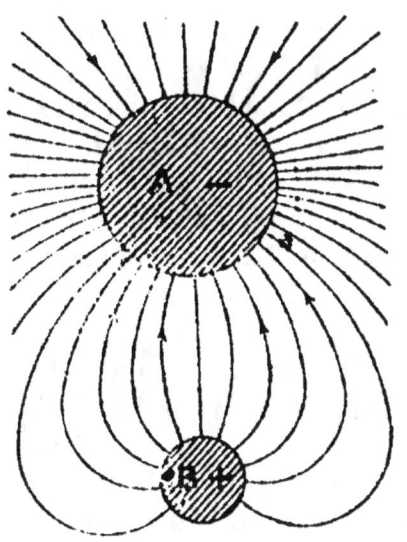 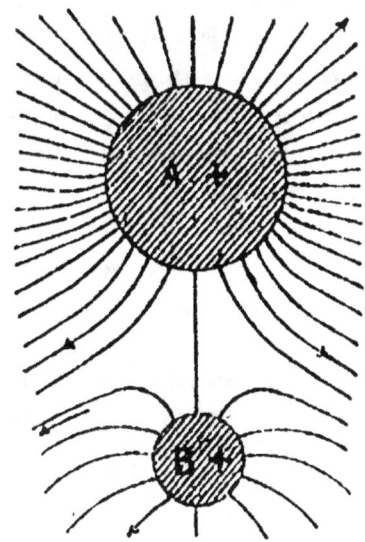

affrontés par leurs pôles de noms contraires ou par leurs pôles
de même nom ; cela se voit encore dans deux schémas mettant en présence des corps électrisés de même nom ou de
noms contraires.

Dans son ouvrage sur l'électricité, Maxwell montre en deux figures que je reproduis ci-dessus ce que sont les lignes de force entre deux corps électrisés de même nom, et les mêmes corps électrisés de noms contraires.

Les attractions et les répulsions résultent donc d'une même cause et cette cause est la forme gauche de la molécule qui en un sens aspire et dans l'autre propulse.

Il est un cas cependant où le résultat ci-dessus paraît être en défaut : si on met face à face deux sphères métalliques électrisées de même nom, **+** par exemple, l'une étant petite et faiblement électrisée par rapport à l'autre, au lieu de répulsion il y a attraction ; cela tient évidemment à ce que les lignes de force de B étant beaucoup plus puissantes que celles de A réussissent à aborder ce dernier corps et en provoquent l'attraction ; si les deux corps sont immobilisés et que l'attraction soit rendue impossible, il se produit le phénomène d'influence que j'ai exposé un peu plus haut, mais que je reprends ici. Sur la sphère influencée A l'électricité est refoulée sur la face opposée à B et elle y devient davantage positive ; sur la face en regard de B, au contraire, il y a raréfaction et celle-ci peut être telle qu'il y ait de l'électricité réellement négative et par suite émission de lignes de force négatives ; ces résultats ne sont explicables que dans ma théorie.

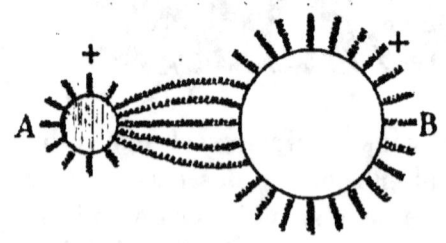

Dans un circuit électrique fermé nous avons maintes fois avancé et reconnu que l'onde de propagation du courant n'était autre chose que la ligne de force qui joue un si grand rôle dans les phénomènes électriques ; dans le circuit cette ligne de force est continue et par suite propulsante d'un côté de l'électromoteur E et aspirante de l'autre côté ; ces deux caractères de l'onde de propagation sont une simple con-

séquence de la continuité de la ligne de force tire-bouchon se fermant sur elle-même.

Les répulsions ne peuvent s'exercer qu'à de faibles distances; les attractions au contraire s'exercent, du moins théoriquement, à des distances infinies; il suffit qu'une seule ligne de force joigne un corps pour y provoquer un phénomène d'attraction ou d'influence; la ligne de force eu égard à sa forme ne s'affaiblit pas avec la distance.

En fait, lorsque deux corps s'attirent, il y a tout d'abord influence sur le corps neutre; par suite il y a toujours en regard au moment de l'attraction deux électricités de noms contraires.

Etincelle électrique. — Mettons en présence deux corps électrisés l'un **+**, l'autre **—**; des lignes de force s'établiront de l'un à l'autre; rapprochons ces corps progressivement; lorsqu'ils seront arrivés à une certaine distance, une étincelle jaillira du corps **+** vers le corps **—**, car la ligne de force en tire-bouchon aspire du **—** vers le **+**. Cette étincelle consiste en une ou plusieurs particules de métal arrachées au corps **+**; celles-ci s'élancent entourées d'une atmosphère condensée d'électricité en suivant le parcours d'une ligne de force, c'est ce qu'on appelle une décharge disruptive. Nous aurons occasion d'y revenir plus loin en traitant des corps diélectriques.

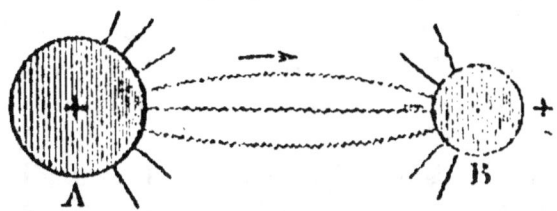

Cette expérience confirme ce que nous savons déjà, que l'électricité ne peut se mouvoir qu'avec l'aide de la matière; en outre elle nous montre que l'électricité paraît apprécier les distances puisqu'elle s'élance lorsque cette distance est suffisamment réduite; cette apparente appréciation des distances a, comme on s'en doute bien, une cause physique.

Au fur et à mesure en effet que les deux corps A et B se rapprochent, l'influence devient plus énergique ; par suite la ligne de force acquiert de plus en plus de puissance, et lorsque la puissance d'arrachement est devenue suffisante, une molécule est arrachée en A et se précipite sur B en suivant le trajet d'une ligne de force ; là elle se décharge de son excédent d'éther ou d'électricité, tout cela se fait mécaniquement et par les voies les plus simples et les plus naturelles.

Nous avons vu de quelle manière est engendré un champ électro-magnétique autour d'un courant, il est dû à la rotation des molécules du fil conducteur ; or les molécules porte-étincelles sont dans les mêmes conditions que celles du fil, elles engendrent donc aussi un champ électro-magnétique susceptible d'effets d'induction comme les premiers. Ces effets sont même particulièrement intenses vu la soudaineté de la naissance et de l'interruption, ils orientent notamment les limailles d'un tube de Branly placé dans leur direction.

Une seule étincelle suffit en général pour décharger complètement un corps bon conducteur électrisé. Mais n'y a-t-il vraiment dans la décharge disruptive qu'une seule molécule de métal arrachée ? L'expérience nous montre qu'il y en a une quantité innombrable. Ainsi, lorsqu'on fait jaillir une étincelle entre deux électrodes d'argent très rapprochées baignant dans de l'eau distillée, celle-ci se remplit d'une multitude de particules d'argent à l'état colloïdal ; on peut donc considérer qu'une décharge disruptive ne paraissant comporter qu'une seule étincelle entraîne en réalité un très grand nombre de particules matérielles, chacune d'elles emportant une charge d'électricité ; et cette décharge n'est pas une chose vague et indéterminée, mais une atmosphère d'éther que la molécule se constitue à elle-même sous l'effet d'une forte tension.

C'est à la tension seule de l'électricité que sont dues en effet les décharges disruptives, c'est-à-dire les étincelles, la quantité d'électricité n'y est pour rien. Pour se rendre compte de cette particularité, il suffit de considérer ce qui se passe avec les fluides gazeux, on y aperçoit que la tension d'un gaz peut être très forte alors même que la quantité de ce fluide est très faible ; dans un récipient d'air de faible capacité, 10 litres par exemple, on peut comprimer l'air à cent, deux cents atmosphères et obtenir une décharge d'effet mécanique considérable.

C'est en électricité statique, c'est-à-dire en électricité confinée dans un conducteur limité, que se produisent les fortes tensions, dans les conducteurs des machines électriques par exemple. Avec le courant d'une pile on n'obtient pas d'étincelle, pour en obtenir Gassiot a dû associer 4.000 éléments en tension; la pile en effet fournit beaucoup en quantité, mais avec une très faible **tension ou voltage.**

Le fait qu'une seule ou très peu de molécules métalliques emportent les plus fortes charges statiques démontre péremptoirement combien sont faibles les quantités d'électricité qui constituent ces charges; une autre preuve réside dans ce fait que l'électricité statique se porte tout entière à la surface et dans une couche excessivement réduite.

CARACTÈRE ASPIRANT ET PROPULSANT
DES LIGNES DE FORCE

Une ligne de force émanée d'un corps chargé + est en forme d'hélice propulsante, celle émanée d'un corps chargé — est en forme d'hélice aspirante. C'est tout simplement la même hélice qui tourne en des sens différents; cela semblerait impliquer que si la ligne de force — est organisée pour aspirer, la ligne de force + devrait repousser les corps neutres; or, il n'en est pas ainsi; ici encore il y a attraction, tout au moins chez les solides. En voici l'explication : lorsqu'en face d'un corps + on place un corps neutre, il y a tout d'abord influence, les lignes de force + orientent dans leur sens les molécules du corps influencé; cela fait, il se trouve sur ce corps neutre en face du corps influent + de l'électricité —, et par suite des lignes de force négatives, c'est-à-dire aspirantes, prennent naissance, d'où résulte une attraction, donc en fait il y a attraction aussi bien par les corps électrisés + que par ceux électrisés —.

Mais s'il est difficile de distinguer les effets des lignes de force + et des lignes de force — dans les solides, sauf quelques cas particuliers, nous le pourrons dans les liquides.

Pour démontrer le caractère attractif et tourbillonnaire des lignes de force négatives, nous citerons tout d'abord une expérience imaginée par M. de Balasny en vue de reproduire le phénomène des trombes : au fond d'un récipient et sur 0^m,03 d'épaisseur on verse de l'essence de térébenthine ; à une certaine distance au-dessus on place un disque de métal mis en communication avec l'électrode — d'une batterie de quatre bouteilles de Leyde ; l'essence est 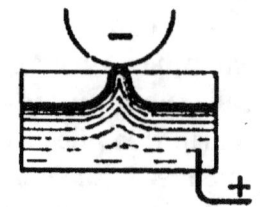 mise en communication avec le pôle + de cette batterie. Lorsqu'on approche le disque on voit l'essence se soulever et aller rejoindre le disque si ce dernier est suffisamment rapproché. Le soulèvement du liquide s'est produit sous le double effet de la ligne de force supérieure aspirante et de la ligne inférieure propulsante.

Gaston Planté avait antérieurement réalisé une expérience semblable ; les pôles étant semblablement disposés et mis en communication avec une batterie de 800 couples de piles, il avait réussi à attirer de l'huile.

On peut réaliser une autre expérience dite des Académiciens de Florence ; on remplit d'huile un verre de montre concave et on approche de la surface une baguette de verre électrisée. Par frottement, le verre s'électrise —, sa ligne de force est donc aspirante ; elle aspire en conséquence l'huile qui se soulève en petits monticules, et de petites gouttelettes vont même rejoindre la baguette de verre. Voilà bien des expériences qui nous montrent le caractère aspirant de la ligne de force — ; mais n'en existe-t-il pas qui nous montrent le caractère propulsant de la ligne de force positive ? Si, au-dessus d'une nappe d'eau au lieu d'une sphère métallique électrisée —, on place une sphère électrisée +, au lieu d'être soulevé, le liquide sera déprimé ; en ce qui concerne les solides, M. de Heen cite deux expériences où ce caractère répulsif est mis en évidence. Si l'état de l'atmosphère le permet, une balle de sureau recouverte d'une feuille d'or et suspendue par un fil de cocon sera repoussée par un corps électrisé +.

Ici l'expérience est aléatoire ; la suivante ne l'est pas et réussit toujours : un fil métallique très fin, de 0^m,10 de longueur, est suspendu horizontalement par deux fils de soie ; en face et dans la direction du fil métallique on place un corps chargé **+**, il y a répulsion.

TÉLÉGRAPHIE SANS FIL. — ONDES ET CHAMPS

TÉLÉGRAPHIE SANS FIL

Encore un appareil mystérieux dont on ignore totalement le mode d'action et qui, bien que d'application récente, a déjà révolutionné le monde ; quoiqu'il paraisse téméraire d'en tenter une explication, j'espère être assez heureux pour y réussir. Avant d'aborder la question, quelques préambules sont nécessaires.

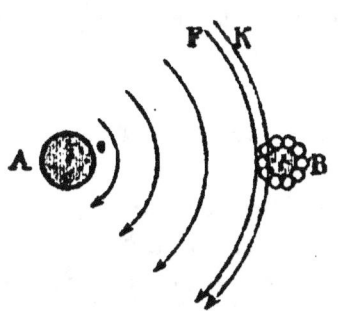

Dans le chapitre traitant des **champs électromagnétiques qui règnent autour des courants**, j'ai expliqué comment ces champs étaient constitués et de quelle façon ils prenaient naissance autour des fils conducteurs : un courant continu engendre un champ continu, un courant alternatif engendre un champ alternatif, en un mot le champ se retourne, chaque fois que le courant change de sens.

Provoquons en un point quelconque d'un fil continu A, par une excitation brusque, un courant instantané; ce fil s'entoure aussitôt d'un champ électromagnétique instantané, et si à côté se trouve un circuit métallique parallèle B, le coup de fouet donné par le champ tournant oriente vivement les molécules du fil B en sens inverse de celles de A ; par suite il naît dans B un courant instantané dit d'induction, inverse de A ; l'effet produit est en tout semblable à celui que produit le coup de fouet d'un enfant sur une petite toupie gisant à terre, le fouet la redresse, et l'oblige à tourner en sens inverse de la direction du coup de fouet.

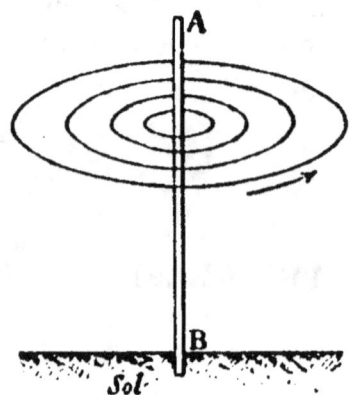

Ceci dit, abordons la télégraphie sans fil dont, bien entendu, je ne considérerai que les parties essentielles, celles qui constituent le principe de cet appareil. En AB se trouve un conducteur vertical en cuivre désigné sous le nom d'antenne, de 50 mètres de hauteur, je suppose, plongeant dans le sol.

Dans cette antenne AB on lance 10, 20, 30, 60 fois par seconde la décharge d'une bobine de Ruhmkorff; cette décharge, douée d'une très forte tension, oriente vivement les molécules de l'antenne un nombre égal de fois par seconde ; cette vive orientation donne naissance à une onde de propagation comme il s'en produit dans tous les courants et celle-ci engendre un champ tournant se retournant sans cesse avec la plus grande rapidité.

L'antenne se comporte comme un tuyau d'orgue — Arrêtons-nous un instant sur ce point. Lorsqu'on lance de l'air dans un tuyau d'orgue fermé aux deux extrémités, l'onde sonore monte, se réfléchit, redescend, se réfléchit à nouveau, produisant une série d'oscillations dont la fréquence constitue la hauteur du son ; plus le tuyau sera court, plus le son sera aigu.

Rappelons que ce n'est pas l'air qui monte et qui descend, c'est l'onde sonore ; l'air n'a servi qu'à produire la vibration et, dès que celle-ci a pris naissance, elle devient autonome ; comme l'onde sonore parcourt 330 mètres par seconde quelle que soit l'énergie de l'excitation, le ton ne dépend que de la longueur du tuyau; pour un tuyau fermé aux deux extrémités la longueur d'onde est de deux fois la longueur du tuyau soit l'aller et le retour ; pour un tuyau d'orgue fermé à une extrémité, ouvert à l'autre, la longueur de l'onde sonore est double de la précédente, soit quatre fois la longueur du tuyau.

Si le tuyau a 2m,50 de longueur, la longueur d'onde sera 10 mètres, et comme le son parcourt 330 mètres par seconde, la fréquence sera 33 à la seconde, ce sera un son très grave.

Dans une antenne le processus est identique. Après chaque décharge de la bobine, l'onde de propagation monte, se réfléchit au haut de l'antenne, redescend, remonte, etc., produisant ce qu'on appelle improprement des **courants oscillants.**

Si on fait communiquer l'antenne avec le sol, cette antenne se trouve placée dans les conditions d'un tuyau d'orgue fermé à une extrémité, qui est le sommet de l'antenne, et ouvert à l'autre, la communication avec le sol étant l'équivalent de l'ouverture du tuyau ou de sa communication avec l'atmosphère ; dans ces conditions, la longueur d'onde sera, comme dans le cas du son, quatre fois la hauteur de l'antenne, et c'est ce qu'a reconnu Slaby non pas théoriquement comme nous venons de le faire, mais expérimentalement, et c'est là une confirmation de l'identité des processus dans le tuyau d'orgue et dans l'antenne.

Dans le son, ce sont les ondes les plus longues qui se réfractent le plus, c'est-à-dire qui contournent le plus facilement les obstacles ; il en est de même pour les ondes lumineuses. Pour les ondes hertziennes qui sont celles de la télégraphie sans fil, il en est de même aussi, ce qui prouve l'identité du processus de ces diverses ondes. On a donc cherché à réaliser des ondes hertziennes aussi longues que possible en vue précisément de contourner les obstacles.

Pour une hauteur d'antenne de 75 mètres, la longueur d'onde sera 300 mètres. C'est la longueur d'onde qui a été adoptée par le Congrès International qui s'est tenu à Berlin en 1906, pour les navires marchands de tous les pays ; à cette longueur d'onde de 300 mètres, la fréquence est de un million par seconde.

En télégraphie sans fil, il faut pour plusieurs raisons faire usage d'antennes de grande longueur et placées verticalement ; l'antenne de la Tour Eiffel a 300 mètres de hauteur. Dans la pratique l'oscillation n'est pas continue dans l'antenne ; on y décharge le condensateur ou la bobine de 20 à 30 fois par seconde : à chaque décharge il se produit dans l'antenne une série de courants oscillants qui s'amortissent rapidement.

GENÈSE DE L'ONDE HERTZIENNE

Dans le tuyau d'orgue, tout se borne à l'oscillation de l'onde sonore ; il n'en est plus de même ici, l'antenne est formée de molécules et ce sont ces dernières qui jouent le principal rôle ; comme dans les fils conducteurs en effet, les molécules de l'antenne s'orientent à la vitesse de 300.000 kilomètres par seconde ; aussitôt l'onde parvenue à l'extrémité de l'antenne, elle rebrousse chemin, en même temps les molécules se retournent, ainsi de suite des millions de fois par seconde.

Chaque fois que les molécules se retournent, le champ électromagnétique circulaire d'éther qui règne autour des courants se retourne aussi ; pour nous rendre compte de l'effet produit par le retournement de ces champs, reprenons l'exemple exposé à l'article **Champs électromagnétiques autour des courants.** Une tige de fer verticale tourne rapidement dans un récipient rempli d'eau ; cette barre s'entoure d'un champ tournant, d'eau rendu visible à la surface du liquide. Si on arrête la tige brusquement, le champ circulaire qui tout à l'heure restait attaché à la tige et tournait avec elle est lancé avec énergie et s'avance à la façon d'une onde circulaire.

En faisant tourner brusquement la tige en sens inverse, l'onde qui prendrait naissance serait inverse aussi. Mais comment imaginer qu'on puisse arrêter brusquement une tige tournant avec une grande rapidité et surtout retourner le sens de sa rotation; pour la tige de fer, cela est impossible, pour les courants oscillants la chose est au contraire toute naturelle ; à chaque retournement de l'onde les molécules de cuivre se retournent d'elles-mêmes par leur propre élasticité, et cela suffit à retourner le sens de la rotation de la file entière de molécules et par suite le sens du champ électromagnétique.

J'insiste à nouveau sur ce point, que ce n'est pas l'électricité

lancée par le condensateur ou la bobine de Ruhmkorf qui
monte et descend dans l'antenne, c'est la seule onde de propagation. Tout comme dans le tuyau d'orgue, le courant lancé
a eu simplement pour effet de produire l'onde, cela fait, celle-ci
se propage seule et toujours à la même vitesse de 300.000 kilomètres par seconde. Le nom de courants oscillants donné à ces
sortes d'ondulations est donc impropre, ce n'est pas le courant qui oscille, c'est l'onde.

L'énergie de la décharge a pour seul effet, comme dans la
production de courants induits, de produire des impulsions
aussi brusques et aussi soudaines que possible ; mais revenons à
l'antenne.

Les ondes circulaires d'éther lancées par l'antenne autrement
dit les ondes hertziennes sont donc alternativement de
sens inverses, et comme toutes les agitations qui se produisent
dans l'éther, elles se propagent dans l'espace à la vitesse de
300.000 kilomètres par seconde.

Divers auteurs, parmi lesquels M. H. Poincaré, se sont
demandé si les ondes hertziennes s'affaiblissent en raison de la
distance ou en raison du carré de la distance, la réponse ne nous
paraît pas douteuse. La propagation se faisant dans un plan
perpendiculaire à l'antenne, les ondes sont polarisées dans un
plan, et cette polarisation est parfaitement reconnue ; or, la
conséquence de la propagation dans un plan est que les ondes
ne s'affaiblissent qu'en raison de la distance. L'affaiblissement
en raison du carré de la distance est le fait d'ondes sphériques,
se propageant en tous sens dans l'espace, il y a là une simple
question de géométrie.

C'est seulement la première onde lancée par l'antenne à
chaque décharge, celle qui est la plus puissante, c'est-à-dire
20 ou 30 ondes par seconde qui agissent sur les récepteurs ;
les autres s'amortissent très rapidement ; les ondes agissantes
sont donc toutes de même sens.

Ce qui importe, c'est de lancer énergiquement l'onde au
départ et de disposer à l'arrivée d'un récepteur excessivement
sensible ; on se rend compte en effet en créant des ondes à la
surface d'un étang, que plus l'impulsion est énergique, et plus
sont puissantes les ondes qu'elle engendre ; c'est pour obtenir

un lancement énergique au départ, un lancement aussi instantané que possible, que l'on utilise des énergies de plus en plus considérables. La Tour Eiffel emploie plus de 100 chevaux au chargement du condensateur destiné à produire la décharge dans l'antenne ; avec cela elle communique avec une partie de l'Asie, avec la Tunisie, l'Algérie, le Maroc et les rives de l'Amérique. En utilisant une force de 225 chevaux comme on se le propose, les ondes atteindront le Canada.

La puissance des ondes s'accroît de plus en plus, ainsi Marconi a construit à Buenos-Ayres un poste communiquant avec Clefden en Irlande sur une distance de 10.000 kilomètres, soit le quart du méridien terrestre ; à ces distances il faut un récepteur d'une extrême sensibilité et déjà le radio-conducteur de Branly ne suffit plus ; on emploie alors l'écouteur téléphonique ; car l'oreille est le récepteur le plus sensible que l'on connaisse.

Par l'explication que je viens de fournir du mécanisme de la télégraphie sans fil, on voit que deux sortes d'ondes électriques y sont mises en jeu, et ce sont des ondes que nous connaissons déjà : les premières, celles qui oscillent dans la hauteur de l'antenne ne sont autres que les ondes de propagation du courant ou lignes de force dont nous avons reconnu le rôle prépondérant et jusqu'ici insoupçonné ; les secondes, qui prennent naissance autour de l'antenne et perpendiculairement à cette dernière, ne sont autres que les radiations qui constituent le champ électromagnétique autour des courants. Ces deux sortes d'onde circulent à la vitesse de 300.000 kilomètres par seconde, et quand les unes se retournent les autres se retournent aussi.

On reconnaît ici très simplement que les ondes hertziennes qui ne sont autres que les ondes électromagnétiques, sont perpendiculaires aux ondes électriques, et en outre qu'elles sont polarisées.

DISPOSITIF ET APPAREILS DE RÉCEPTION

Nous venons d'expliquer le mécanisme du lancement des ondes par le poste transmetteur ; voyons maintenant comment ces ondes sont reçues. Le poste récepteur est généralement constitué comme le poste transmetteur par une antenne métallique très élevée, mais ici l'antenne est reliée à un réseau développé de fils de cuivre ; cette antenne est en communication avec un fil métallique relié à un petit appareil dit tube ou radio-conducteur de Branly. C'est grâce à ce petit appareil de laboratoire que la télégraphie sans fil a pu s'établir. Le radio-conducteur consiste en un tube de verre contenant de la limaille de fer, ou plutôt des fragments de métal pressés entre deux plaques métalliques ; ces fragments de métal sont traversés par le courant d'une pile ; si le courant est fort il traverse ; s'il est faible, il ne traverse pas à raison des résistances opposées par les contacts ou les intervalles qui existent entre les fragments de métal ; on règle le courant de façon à ce qu'il soit sur le point de passer et qu'il suffise d'un léger appoint pour déterminer le passage.

Cet appoint est apporté par les ondes hertziennes venant de l'antenne transmettrice ; lorsqu'une onde circulaire vient toucher un fil quelconque de l'antenne réceptrice, elle y provoque une orientation des molécules comme elle le fait pour les courants d'induction et par le mécanisme même que nous avons exposé plus haut à propos d'un courant circulant à proximité d'un circuit parallèle (page 86).

L'orientation moléculaire provoquée en un point d'un fil quelconque du récepteur se transmet de proche en proche et apporte au courant de la pile l'appoint nécessaire pour qu'il puisse à son tour orienter les molécules des limailles du radio-conducteur et par là y déterminer le passage du courant. Nous avons reconnu en effet que la condition du passage du courant dans un conducteur est l'orientation de ses molécules ; dès que le courant passe il va actionner un appareil récepteur Morse.

On sait que l'alphabet Morse est formé de points et de traits, . — indique la lettre *a*, — ... indique la lettre *b*, etc. Donc si au transmetteur on actionne l'antenne un instant sans interruption, on enregistre au récepteur un trait ; si après une pause on produit une excitation isolée, on obtient un point. On compose ainsi des lettres, des mots et des dépêches entières comme dans le télégraphe ordinaire.

Une simple étincelle jaillissant entre deux électrodes suffit à orienter les molécules du tube de Branly ; une étincelle électrique transportant des particules métalliques constitue en effet un courant instantané, lequel donne naissance à un champ électromagnétique également instantané, et le champ électromagnétique à son tour oriente les molécules d'un fil voisin et celles d'un tube de Branly.

Le tube de Branly, tout sensible qu'il est, ne peut servir pour les très longues distances, par défaut précisément d'une sensibilité suffisante, sa plus longue distance d'emploi est entre Berlin et Saint-Pétersbourg, sur 1.350 kilomètres; pour les distances supérieures, on emploie l'écouteur téléphonique qui est le récepteur le plus sensible connu ; dans ce cas il n'y a plus ni pile ni radio-conducteur interposés, la faible énergie nécessaire pour déclencher le radio-conducteur actionne directement le téléphone ; c'est l'antenne réceptrice elle-même qui communique directement alors avec l'écouteur téléphonique.

L'écouteur téléphonique est constitué, comme dans le téléphone, par un aimant autour duquel est enroulé en bobine un fil de cuivre ; en face de l'aimant et à faible distance se trouve une membrane vibrante de fer doux. On sait combien cet appareil est sensible : en parlant à des centaines de kilomètres devant un appareil identique, on provoque dans le fil qui relie les deux stations, des courants électriques insensibles mais d'une délicatesse telle qu'ils font vibrer la plaque réceptrice à l'unisson de la plaque excitatrice de départ d'où résulte une transmission parfaite de la voix.

Ici, en télégraphie sans fil, l'écouteur sert simplement à recueillir par l'oreille, des points et des traits ; le langage Morse est écouté au lieu d'être écrit.

Voici donc expliqué mécaniquement le processus de la télégraphie sans fil qui jusqu'ici a échappé à toute explication, faute surtout d'avoir saisi la nature et le rôle de l'onde électrique de propagation qui circule dans le fil, et celui de l'onde hertzienne.

La sensibilité des molécules de cuivre est telle qu'on peut constituer des récepteurs tenant dans la poche et formés d'un simple écouteur téléphonique que l'on relie à une antenne de fortune telle qu'un tuyau de descente ou un balcon en fer. Lorsqu'une onde hertzienne vient rencontrer cette antenne rudimentaire, le téléphone entre en vibration. Sans doute on ne peut pas avec un pareil récepteur recueillir une conversation, mais on peut dans un court rayon recevoir les signaux de dix heures et de minuit lancés tous les jours par l'antenne de la Tour Eiffel.

Ces signaux de l'heure sont également recueillis en mer par les navires pourvus des appareils nécessaires, et ils leur servent à connaître les longitudes, ce qui apporte à la navigation un élément de sécurité qui jusqu'ici lui faisait défaut.

Avec la connaissance de la longitude, un navire sait toujours en quel point du globe il se trouve, autrefois on ne pouvait se fier qu'à des chronomètres sujets à de nombreux dérangements.

Les ondes hertziennes traversent l'air, le verre, le caoutchouc, le bois, les murailles, l'eau... il y a là un simple phénomène d'accord, comme je l'ai montré ailleurs ; les molécules de ces substances ne vibrant pas en accord avec les ondes hertziennes, celles-ci les traversent sans les intéresser ; ce sont pour ces ondes des corps transparents ou mauvais conducteurs ; au contraire la molécule de cuivre vibrant en accord les arrête, et c'est pourquoi le cuivre est opaque ou bon conducteur pour ces ondes ; l'eau salée est également bonne conductrice.

THÉORIE ÉLECTROMAGNÉTIQUE DE LA LUMIÈRE

Les ondes hertziennes qui sont celles de la télégraphie sans fil se propagent dans l'espace à la vitesse de 300.000 kilomètres par seconde, comme les ondes lumineuses et calorifiques. On est parti de là pour attribuer à la lumière une origine électro magnétique, semblant ainsi admettre que l'électro-magnétisme est une entité existant par elle-même; on aurait aussi bien pu attribuer à ce dernier une origine lumineuse.

Ce qui a confirmé dans l'hypothèse de l'origine électromagnétique de la lumière, c'est que les ondes hertziennes se comportent comme les ondes lumineuses dans toutes leurs particularités : réflexion, réfraction, diffraction, interférences, ondes stationnaires, etc. ; il y a là, ce nous semble, deux erreurs d'appréciation.

300.000 kilomètres par seconde est la vitesse de propagation de tous les ébranlements qui se produisent dans l'éther, comme 330 mètres est la vitesse de tous les ébranlements qui se produisent dans l'air ; la règle est la même d'ailleurs pour tous les milieux de transmission.

Sur le second point, celui de la fréquence, il est reconnu que tout ébranlement rythmé, dont la fréquence atteint 477 à 731 trillions par seconde, produit sur la rétine ou plutôt sur le cerveau la sensation de la lumière ; si donc les ondes hertziennes atteignaient cette fréquence, nul doute qu'elles ne devinssent lumineuses. Il n'y a par conséquent rien de surprenant à ce qu'elles se comportent comme ces dernières. C'est le mécanisme lui-même des ondes rythmées qui produit la réflexion, la diffraction, les ondes stationnaires, etc.

En réalité, lumière et électromagnétisme sont tous les deux dus à des mouvements moléculaires ; or les mouvements moléculaires peuvent se transformer les uns dans les autres. Qu'on veuille bien se reporter au chapitre qui traite de la **transformation de l'énergie électrique en chaleur et en lumière**, j'y explique avec une aveuglante clarté, ce me semble, cette transformation et par quel processus la rotation de la molécule se mue en vibration, c'est-à-dire comment la lumière se crée aux dépens du champ électromagnétique, car c'est la rotation des molécules qui engendre le champ électromagnétique ; ici rien d'obscur, rien d'imprécis, la transformation s'opère pour ainsi dire sous nos yeux.

A-t-on cependant fourni une explication plausible de la nature électromagnétique de la lumière ? Qu'on en juge par celle qu'en donne le savant le plus qualifié H. Poincaré ; dans son petit ouvrage de la **théorie de Maxwel**, édité en 1904, nous lisons à la page 19 :

« Une onde lumineuse est une suite de courants alternatifs
« qui se produisent dans les diélectriques et même dans l'air ou
« le vide interplanétaire et qui changent de sens un quatrillion
« de fois par seconde. L'induction énorme due à ces alternances

« fréquentes produit d'autres courants dans les parties voi-
« sines des diélectriques, et c'est ainsi que les ondes lumineuses
« se propagent de proche en proche. »

Maxwell avait déjà dit : « La lumière, y compris la chaleur
« radiante et les autres radiations s'il en existe, est une pertur-
« bation électromagnétique revêtant la forme d'ondes qui se
« propagent dans le champ électromagnétique, suivant des
« lois électromagnétiques. » Il est à remarquer que d'après
Maxwell ce sont non plus les ondes lumineuses seules mais
toutes les ondes produites dans l'éther qui seraient de nature
électromagnétique.

Je ne saurais quant à moi accepter de pareilles explications,
il faut autre chose pour me convaincre, et tout d'abord la clarté.

Je ne suis pas d'ailleurs le seul de cet avis, le grand savant
anglais lord Kelvin entre autres, lequel déclare qu'il ne comprend
un phénomène que lorsqu'il peut se le représenter mécaniquement ; « si je puis imaginer une représentation mécanique, dit-il,
« je comprends, sinon je ne comprends pas et c'est pour cela que
« je ne comprends pas la théorie électromagnétique de la lumière ;
« quand nous comprendrons l'électricité, le magnétisme et la
« lumière, nous les verrons comme les parties d'un tout ; mais je
« demande à comprendre la lumière le mieux possible sans qu'on
« introduise dans les explications des choses que je comprends
« encore moins ».

ONDES ET CHAMPS

Les ondes et les champs ne sont pas particuliers à l'électricité, ils se produisent dans tous les fluides, chaque fois que des
corps y sont mis en mouvement, ainsi un train de chemin de fer
rapide entraîne un champ d'air qui lui reste attaché ; un volant
tournant à grande vitesse entraîne dans sa rotation un champ
tournant d'air analogue au champ électromagnétique qui
règne autour des courants électriques.

En même temps que dans l'air, ces corps en mouvement
créent-ils une agitation dans l'éther ? Un volant crée-t-il un
champ d'éther ? la chose est probable, mais ce champ doit être

de très peu d'importance vu la faible vitesse de ces corps comparée à celle des molécules, lesquelles tournent à des vitesses de trillions de tours par seconde.

Pour ce qui est des ondes, les divers sujets que nous avons traités jusqu'ici ont fait ressortir l'identité de leur manière d'être dans tous les milieux, gazeux, liquides, solides et éthérés ; une onde lumineuse par exemple se comporte absolument comme une onde sonore et leurs processus sont identiques.

Si nous envisageons seulement ce qui a trait à l'électricité, nous constatons que, si fréquemment il est question dans les ouvrages, d'ondes électriques, de champs, de lignes de force, etc., nulle part il ne s'attache à ces diverses dénominations une idée précise ; je vais m'efforcer de mettre quelque clarté dans cette confusion.

Ondes et lignes de force. — En électricité, nous avons mis en relief l'onde de propagation du courant qui n'est autre chose qu'une ligne de force hélicoïdale, la même ligne de force qui produit l'influence et l'attraction électriques ; il y a ensuite l'onde hertzienne qui, elle, est circulaire, et que nous venons de décrire dans la télégraphie sans fil, l'onde hertzienne est normale à l'onde de propagation.

Champs. — Un champ est un milieu ambiant mis en des conditions particulières par une cause quelconque.

Il y a le **champ magnétique** créé par les lignes de force autour d'un aimant, ces lignes de force sont hélicoïdales comme l'onde de propagation du courant électrique ; en outre, elles sont tordues en un faisceau hélicoïdal autour de l'aimant lui-même.

Le **champ électrique** est celui qui règne autour d'un corps électrisé statiquement, positif ou négatif ; il est formé par des lignes de force non seulement semblables, mais identiques à l'onde de propagation du courant, et identiques aussi aux lignes de force magnétiques.

Le champ **électromagnétique** est celui qui règne autour des fils conducteurs de courant ; c'est un champ circulaire d'éther tournant rapidement ; il est doué de propriétés d'orientation ; il doit son nom d'**électromagnétique** à l'influence qu'il exerce sur l'aiguille aimantée ; l'onde hertzienne est un cas particulier de l'onde électromagnétique. J'ai maintes fois comparé le champ électromagnétique qui règne autour d'un courant au champ tournant d'air qui règne autour d'un volant tournant à grande vitesse, et nulle image ne représente mieux ce champ électromagnétique.

COMMENT PRENNENT NAISSANCE LES ONDES SPHÉRIQUES

Les phénomènes physiques présentent parfois des particularités troublantes qui paraissent même en désaccord avec la raison ; de ce nombre se trouve ce fait qu'une agitation linéaire produit des ondes, non pas linéaires, mais sphériques se propageant dans toutes les directions. Pour éclaircir ce processus, revenons à la lame vibrante.

La lame étant animée d'un mouvement de va-et-vient dans un même plan, il semble que l'onde sonore qui résulte de ses vibrations devrait se propager simplement dans le plan d'oscillation ; or il n'en est rien, le son est entendu dans toutes les directions. Comment expliquer ce phénomène ? Comment une oscillation se produisant dans un plan peut-elle donner naissance à des ondes sphériques se propageant dans tous les sens ?

Qu'une explosion se produisant dans un milieu ambiant élastique se propage sphériquement, rien de plus rationnel ; qu'une goutte d'eau tombant à la surface d'un étang donne naissance à des ondes circulaires, rien de plus naturel encore, la goutte d'eau provoquant à la surface un clapotis agitant l'eau de façon égale dans toutes les directions.

Mais la lame vibrante n'agit que dans une direction ; il en est de même dans l'expérience suivante : si, à la surface d'une eau tranquille, en prenant un bain par exemple, on promène longitudinalement la pointe d'un crayon, on remarque que, au-devant du crayon, la compression du liquide donne naissance à des ondes non pas linéaires, mais circulaires, et ces ondes sont d'autant plus nombreuses et d'autant plus serrées que la vitesse du crayon est plus grande. On constate la même genèse si on considère un petit canard voguant sur l'eau ; lorsqu'il s'avance dans une direction quelconque, on voit se produire au-devant de lui des ondes circulaires ou plutôt paraboliques.

Analysons ce phénomène pour tâcher d'en saisir la cause.
Si nous revenons à la rangée de billes qui nous a si souvent
servi, nous reconnaissons que tant que les billes sont consti-
tuées en une rangée indéformable, l'onde qui y prend naissance
reste linéaire ; mais lorsque les billes redeviennent libres, voici
ce qui se produit dans un milieu ambiant homogène qui serait
constitué par ces mêmes billes : la poussée linéaire rencontre

obliquement les billes N, M dès sa sortie, et ces poussées obliques
ont pour conséquence des ondes qui s'étendent latéralement à
droite et à gauche en même temps qu'elles sont poussées en
avant ; c'est l'image de ce qui se produit lorsqu'on lance une
bille dans une masse de billes dispersées, les billes heurtées sont
poussées à droite, à gauche et en avant.

C'est ce qui s'est produit dans l'expérience de la pointe de
crayon promenée longitudinalement à la surface de l'eau. Sur
son parcours la pointe du crayon rencontre et pousse obliquement des molécules liquides, ce qui donne naissance à une onde
circulaire qui en même temps s'avance longitudinalement.

Dans l'espace, le processus est identique. Une poussée heurte
obliquement les molécules dans tous les sens, d'où naissance
d'ondes sphériques. C'est de cette façon qu'a agi la lame
vibrant dans l'air libre ; c'est encore ce processus qui est cause
qu'à la sortie d'une flûte ou d'une clarinette l'onde sonore
devient sphérique, ce qui fait qu'on entend le son de ces instruments non seulement dans leur direction, mais dans toutes les
directions ; c'est également cette propagation transversale
qui fait que dans la flûte l'onde sonore se communique par
l'intermédiaire des molécules d'air frappées latéralement, à
l'instrument lui-même qui vibre ainsi à l'unisson de la colonne
d'air intérieure.

La diffraction du son à la rencontre d'un obstacle reconnaît la même cause. Lorsqu'un son est émis en avant d'un mur, on sait que ce son est entendu derrière le mur; il a contourné ce mur par le côté et par la crête, grâce à la poussée latérale imprimée aux molécules d'air par les ondes sonores. On peut se rendre compte de cette diffraction en considérant les ondes circulaires produites à la surface d'une nappe d'eau, lorsque les ondes rencontrent un obstacle elles le contournent sur les bords en une sorte de remous.

La diffraction des ondes lumineuses s'explique de la même façon. On sait en effet que, lorsqu'un faisceau lumineux passe par une mince ouverture pratiquée dans un diaphragme, une diffraction se produit par derrière comme dans le cas des ondes sonores. Huyghens avait expliqué cette particularité en disant que chaque point d'une onde lumineuse devenait à son tour centre d'émission d'ondes, la vue était exacte et a d'ailleurs été adoptée, mais c'était plutôt une explication de fait qu'une explication de raisonnement.

MAGNÉTISME. — AIGUILLE AIMANTÉE

MANIÈRE D'ÊTRE DES AIMANTS

La science a toujours cherché et cherche encore ce qui différencie le magnétisme, de l'électricité, la cause cependant, comme toutes les causes, doit en être simple. Je compte faire ressortir qu'elle est une conséquence de la distinction qui existe entre un courant et l'onde de propagation de ce courant.

Tout d'abord on ne peut nier qu'entre le magnétisme et l'électricité il n'y ait une parenté étroite ; parenté oui, mais identité non. Qu'est-ce donc qui les différencie ?

On sait ce qu'est un barreau aimanté : c'est un barreau d'acier jouissant à ses deux extrémités ou pôles de propriétés identiques, mais de sens inverses, de même qu'un barreau de cuivre électrisé par influence.

Ainsi, en désignant, pour la commodité du langage, par les signes + et − les pôles des aimants, on reconnaît que les pôles de même signe se repoussent et que ceux de signes contraires s'attirent, tout comme en électricité. Nous verrons un peu plus loin la raison de ces attractions et de ces répulsions.

Faraday a fortement contribué par ses fantômes magnétiques à éclaircir la nature des aimants. Au-dessus d'un barreau aimanté reposant sur une table, il plaçait une feuille de papier bien horizontale ; il tamisait au-dessus de la limaille de fer et celle-ci se disposait en lignes régulières dont il baptisa les figures du nom de **spectres** ou de **fantômes magnétiques.**

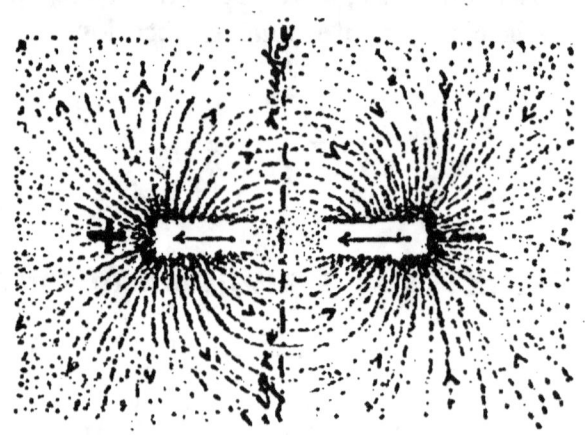

Les lignes composant ces spectres sont des lignes de force de même nature que les lignes de force électriques; comme elles, elles conservent partout leur aspect filiforme et elles ont partout la même épaisseur, ce qui semble bien indiquer une forme hélicoïdale ; toute autre forme impliquerait en effet un épanouissement, sauf une projection de molécules, ce qui n'est pas admissible pour des radiations susceptibles de se produire indéfiniment, bien qu'on ait admis cette projection indéfinie pour le radium et d'autres radiations.

Ces particularités ne sont d'ailleurs pas discutées. Ainsi Lodge, dans son ouvrage des **Théories modernes de l'électricité** de 1891, date où il ne faisait pas encore état des électrons, reconnaît que les lignes de force des fantômes magnétiques doivent être considérées comme les axes de tourbillons moléculaires; elles ne sont d'ailleurs, dit-il, que la continuation de lignes semblables existant dans l'aimant. Il semblerait, d'après cette reconnaissance de tourbillons moléculaires, que Lodge eût dû conclure à la forme également tourbillonnaire de la molécule; il n'en est rien. Quant à nous on sait que cette forme constitué notre seule hypothèse.

A partir de leur sortie des pôles, les lignes de force vont en s'épanouissant ou plutôt en divergeant. On appelle **tube de force** le volume épanoui qui dans l'espace renferme un faisceau de lignes de force. Cette considération des tubes de force n'offre aucun intérêt.

Comme les molécules des conducteurs électriques, les molécules de fer sont de forme dissymétrique, disons de suite hélicoïdales; par conséquent, lorsqu'elles sont orientées en alignements, elles produisent des ondes de propagation ou lignes de force, aspirant dans un sens et propulsant dans l'autre. Le sens propulsant est le sens **+**. Le sens aspirant est le sens **—** suivant le langage que nous avons convenu.

Suivant son orientation, la ligne de force oriente les molécules étrangères dans un sens ou dans l'autre, cela est visible dans l'expérience suivante : sur une feuille de papier horizontale je dispose de petits fragments d'aiguilles 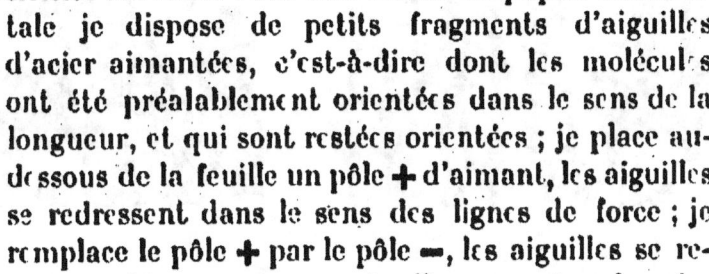 d'acier aimantées, c'est-à-dire dont les molécules ont été préalablement orientées dans le sens de la longueur, et qui sont restées orientées ; je place au-dessous de la feuille un pôle **+** d'aimant, les aiguilles se redressent dans le sens des lignes de force ; je remplace le pôle **+** par le pôle **—**, les aiguilles se redressent encore mais en se retournant; elles se sont redressées d'abord sous l'influence de la ligne de force propulsante, et dans le second cas sous l'influence de la ligne de force aspirante.

Les lignes de force qui règnent dans l'intérieur d'un aimant ne se manifestent au dehors que lorsqu'elles sont interrompues ;

dans un aimant circulaire, où la continuité est assurée, il ne se manifeste aucun fantôme de limaille et par suite il ne se produit aucun des phénomènes d'attraction et de répulsion que nous allons examiner ci-dessous.

ATTRACTIONS ET RÉPULSIONS MAGNÉTIQUES

La ligne de force ayant la forme d'un tire-bouchon, lorsqu'elle tourne dans le sens aspirant et qu'elle réussit à se visser dans un morceau de fer, elle l'attire comme le fait un tire-bouchon au regard d'un corps dans lequel il a pu se visser, et cela se comprend sans peine ; mais la ligne de force lorsqu'elle tourne dans un sens propulsant, devrait, il semble, repousser le morceau de fer ; or il n'en est rien, et ici encore il y a attraction. Le processus est le même qu'en électricité, la ligne de force magnétique propulsante étant en accord avec les molécules du morceau de fer neutre, les oriente dans son sens ; dès lors la ligne de force est négative du côté du corps influencé, et on retombe sur le premier cas ; c'est ce tire-bouchon aspirant qui attire ; chaque fois qu'il y a attraction, il existe sur l'un des corps des lignes négatives, aussi bien en électricité qu'en magnétisme.

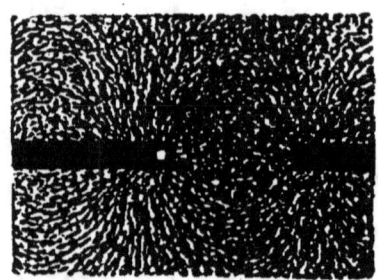 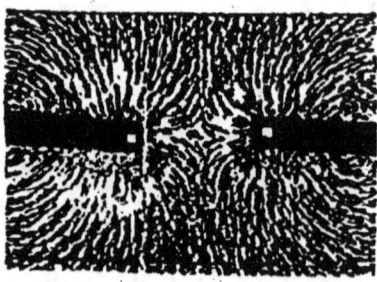

Mais si nous plaçons face à face deux barreaux aimantés par leurs pôles de même nom, — ou +, les tire-bouchons se contrariant se ploient comme de véritables ressorts qu'ils sont effectivement et ils se repoussent. Je reproduis ici les deux cas d'attraction et de répulsion, ils sont tout à fait semblables aux cas d'attraction et de répulsion électriques que nous avons exposés à la page 80 et ils montrent bien le ploiement des lignes de force se rencontrant dans un cas et leur fusion en une ligne de force unique dans l'autre cas.

D'une façon absolue, deux petites turbines tournant horizontalement à fleur d'eau produisent les mêmes fantômes ou spectres que deux aimants placés dans la même situation. J'ai effectué moi-même les expériences pour les diverses positions respectives de deux barreaux aimantés et j'ai toujours retrouvé dans l'eau le fantôme magnétique correspondant.

Jusqu'ici, entre les processus des attractions et répulsions électriques et magnétiques, nous n'avons reconnu aucune différence, sauf qu'en ce qui concerne le magnétisme, les phénomènes sont limités au fer et dans une bien moindre mesure à quelques autres métaux, nickel, cobalt, etc.

INFLUENCE MAGNÉTIQUE

Si, en face d'un barreau aimanté A, on place dans la même direction un barreau d'acier BC, les lignes de force de l'aimant A provoqueront une orientation des molécules de BC, comme l'avait fait précédemment un corps électrisé au regard d'un barreau de cuivre neutre ; et comme, en électricité encore, les pôles de noms contraires seront en regard et les pôles de même nom paraîtront se repousser, le processus est identique dans les deux cas.

Si le barreau BC est en acier, les molécules resteront orientées après l'influence ; s'il est en fer doux, ses molécules se désorienteront aussitôt l'influence disparue et il redeviendra neutre ; il n'y a là qu'une question d'élasticité des molécules. Dans l'acier, la nouvelle disposition est suffisamment stable pour persister ; dans le fer doux, non ; cependant, pour le fer doux lui-même, il est quelquefois nécessaire de le frapper de quelques légers coups pour faire disparaître l'orientation et par suite l'aimantation ; de cette orientation il reste d'ailleurs toujours quelques traces.

Il est cependant un cas où le fer doux reste aimanté et même constitue tout naturellement un aimant. C'est lorsque ce fer doux est naturellement constitué par des molécules systématiquement orientées. Beetz a réussi à constituer un pareil aimant de la façon suivante : sur un fil d'argent recouvert de cire il traçait une rainure longitudinale, mettant à nu le métal ; il disposait cette rainure dans le sens du courant d'un bain électrolytique, et par surcroît il faisait agir dans la même direction un champ magnétique ; les molécules de fer se déposaient ainsi toutes orientées dans le sens de la longueur et constituaient ainsi une baguette de fer aimantée au maximum.

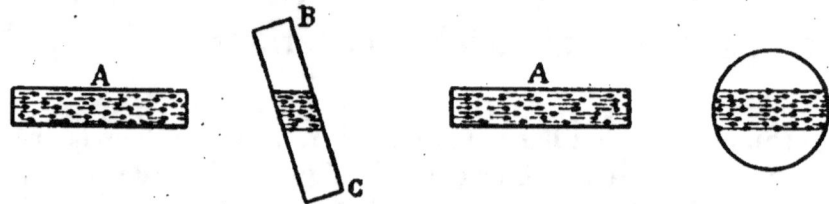

On peut produire l'aimantation dans n'importe quelle direction ; ainsi, en présentant à l'aimant A un morceau de fer BC en biais, l'aimantation produite sera biaise ; une boule de fer sera aimantée dans le sens des lignes de force influentes. Mais tout cela ne montre pas ce qui différencie le magnétisme de l'électricité ; abordons la question.

QU'EST-CE QUI DIFFÉRENCIE LE MAGNÉTISME
DE L'ÉLECTRICITÉ ?

La science, avons-nous dit, a reconnu l'étroite parenté qui existe entre le magnétisme et l'électricité, mais elle n'a pu découvrir ce qui constitue leur différence, c'est ce mystère que je me propose d'éclaircir. Au milieu d'un long barreau de

cuivre, plaçons un éléctromoteur quelconque E, pile, dynamo, etc., à une extrémité du barreau, nous aurons de l'électricité positive et à l'autre extrémité de l'électricité négative ;
ou plus simplement, suivant notre conception de l'électricité,
nous aurons d'un côté de l'électricité ou éther comprimé et de
l'autre de l'électricité raréfiée ; en outre, d'un côté nous aurons
des lignes de force positives ou propulsantes, et de l'autre des
lignes de force négatives ou aspirantes.

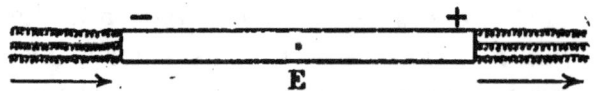

Opérons de même avec un barreau d'acier et nous obtiendrons les mêmes effets ; mais supprimons dans les deux barreaux l'électromoteur ou la contrainte qui maintenait les molécules orientées, le barreau de cuivre se remettra à l'état
neutre, mais non pas le barreau d'acier; celui-ci ne sera plus
électrisé, il est vrai, mais il sera aimanté.

En quoi consistera la différence entre l'état électrisé et l'état
aimanté du barreau? Lorsque le barreau de cuivre était électrisé, si nous l'avions coupé en deux, une moitié eût été positive
et l'autre eût été négative. Il en eût été de même du barreau
d'acier électrisé ; mais, dans ce dernier barreau, lorsqu'il n'est
plus électrisé et qu'il est simplement aimanté, qu'on pratique
une coupure en un point quelconque de sa longueur et chaque
morceau constituera à lui seul un aimant complet, ses pôles
seront simplement affaiblis.

Coupons le barreau en autant de fragments que nous vou-
drons, et toujours chacun d'eux reproduira un aimant complet.
Nous pouvons même par la pensée réduire le fragment à une
simple molécule et cette molécule sera sans doute encore un
aimant ; or cela est bien conforme à notre hypothèse ou plutôt
c'est notre hypothèse elle-même; la molécule dissymétrique, en
tournant sur elle-même, propulse dans un sens et aspire dans
l'autre, et ses deux pôles fatalement égaux en quantité, sont
opposés en qualité, comme dans le barreau aimanté.

Mais poursuivons. Nous pouvons toucher du doigt le barreau

aimanté en un point quelconque, à l'un de ses pôles par exemple, et rien ne se produira, tandis que si nous touchions un barreau électrisé, du fluide s'écoulerait et l'électricité disparaîtrait.

A quoi tiennent ces deux manières d'être différentes? Un simple mot va tout expliquer : dans le barreau de cuivre ci-dessus considéré, lorsque l'électromoteur a cessé son action, les molécules ont instantanément repris leur position première; dans le barreau d'acier, au contraire, les molécules sont restées orientées. Il y a là, comme nous l'avons déjà dit, une simple question de stabilité ; dans l'acier le nouvel arrangement moléculaire s'est montré suffisamment stable pour persister; mais ses molécules restées orientées n'ont conservé que l'énergie qu'elles possédaient à l'état normal, et cette énergie ne s'est pas montrée suffisante pour propulser l'électricité d'une molécule à l'autre.

Ce défaut d'énergie apparaît bien dans la ligne de force de l'aimant, laquelle est incapable d'influencer des molécules autres que celles du fer; tandis que, lorsqu'il était électrisé, sa ligne de force influençait les molécules de cuivre.

En un mot, **dans un aimant il n'y a pas courant, il n'y a que onde de propagation ou ligne de force.** Rappelons, en effet, que si dans un courant il y a toujours à côté du courant de matière une onde de propagation, celle-ci peut exister seule. Il ne sera pas superflu de préciser ici cette indépendance entre le courant et son onde de propagation ou ligne de force.

INDÉPENDANCE DE LA LIGNE DE FORCE ET DU COURANT

Lorsqu'on souffle dans une flûte ou qu'on injecte vivement de l'air dans une sirène, l'air aussitôt qu'il a produit la vibration devient inutile, l'onde sonore se suffit à elle-même ; la preuve en est que si on enferme ces instruments dans une chambre hermétiquement close les sons qu'ils produisent sont néanmoins entendus et se propagent au dehors; or, dans ces conditions, tout courant d'air est supprimé.

Dans le cas du cylindre de cuivre influencé que nous avons examiné plus haut, il n'y a pas de courant, il y a cependant émission de lignes de force positives d'un côté, négatives de l'autre. Dans l'exemple des billes plusieurs fois cité, on peut immobiliser les billes de façon à supprimer tout courant ou toute progression de ces billes ; le choc imprimé à une extrémité, c'est-à-dire l'énergie, ne s'en transmet pas moins à l'autre extrémité. L'onde de propagation existe donc seule dans la rangée de billes. Il est donc permis de conclure qu'il peut y avoir ligne de force sans qu'il y ait courant ; dans les phénomènes de l'électricité comme dans ceux du magnétisme, c'est même la ligne de force ou onde de propagation qui joue le principal rôle, car c'est par elle que se transmet l'énergie ; le courant de matière ou d'électricité joue un rôle presque nul, je dirai plus, il joue un rôle négatif ; dans la rangée de billes, en effet, puisque l'énergie se transmet par l'onde seule, toute progression des billes ne peut qu'absorber de l'énergie ; il y a lieu bien entendu d'excepter le cas où le courant agit par lui-même comme dans l'électrolyse ou la galvanoplastie, mais ici l'énergie mise en œuvre est insignifiante.

En résumé **un courant électrique diffère d'un aimant en ce que dans le courant électrique il y a à la fois courant et onde de propagation ou ligne de force, tandis que dans l'aimant il n'y a plus que des lignes de force et pas de courant.**

Les lignes de force magnétiques et électriques sont identiques, les premières sont seulement moins énergiques et ne contiennent que l'énergie détenue naturellement par les molécules à leur état normal sans adjonction d'aucune énergie étrangère.

Ampère avait bien démêlé que dans les aimants il n'y avait pas de courant, lorsqu'il affirmait que le courant ne sortait pas de la molécule et ne pouvait passer de l'une à l'autre ; Coulomb avait avancé la même idée et dans son traité de l'électricité, Becquerel écrit que : « La différence entre le magnétisme et « l'électricité, c'est qu'ici les fluides passent d'une molécule à « l'autre, dans le magnétisme non. » Mais l'explication de cette singularité ne pouvait être donnée tant qu'on n'avait pas reconnu dans un courant électrique pas plus d'ailleurs que dans un courant quelconque l'existence d'une onde de propagation.

Cette constitution de l'aimant nous montre que dans la matière à son état normal, les molécules conservent leurs atmosphères d'éther et ne se l'insufflent pas de l'une à l'autre hors le cas d'un supplément d'énergie ; ces atmosphères empêchent les contacts et les chocs directs entre molécules.

Si, dans un barreau de cuivre ou dans un corps quelconque à son état naturel, on parvenait à orienter les molécules, on obtiendrait des aimants; ces conditions ont été réalisées par divers expérimentateurs. Ritter remarque en effet que si on suspend à un fil de soie et par son milieu un fil d'or qui a servi à l'électrolyse de l'eau, ce fil se tourne dans la direction des pôles magnétiques ; d'après mes explications des courants et des aimants, ce résultat est manifestement dû à ce que les molécules du fil d'or orientées par le passage du courant sont restées en partie tout au moins orientées; Œrstedt a observé de même qu'un conducteur métallique qui était resté quelques instants dans le courant d'une pile de Volta excitait les contractions d'une grenouille ; l'orientation des molécules ayant persisté, le fil métallique propulsait encore un courant ou tout au moins une ligne de force.

On comprend que plus un barreau d'acier sera long et plus seront puissants les pôles de l'aimant parce que la ligne de force se renforce à chaque molécule.

Dans un circuit continu en cuivre, intercalons un morceau d'acier, le courant passera bien, mais, lorsqu'il aura cessé, si nous retirons le morceau d'acier, nous constaterons qu'il est devenu un aimant, ses molécules sont restées orientées, en ne conservant bien entendu que leur énergie naturelle de propulsion.

Dans mon opuscule de 1914, j'ai donné comme cause de la transparence des corps pour certaines ondes leur indifférence vis-à-vis de ces ondes. Ainsi l'ébonite, le bois, etc., se laissent traverser par les ondes ou lignes de force électriques parce que ces lignes de force laissent leurs molécules indifférentes ; ces corps sont **transparents** aux ondes électriques, par contre les métaux sont **opaques** à ces mêmes ondes parce qu'elles sont retenues, occupées si l'on peut ainsi parler, à orienter les molécules du métal.

Une plaque de cuivre est opaque aux lignes de force électriques, mais elle est transparente aux lignes de force magnétiques, parce que ces dernières n'ayant pas l'énergie suffisante pour orienter les molécules de cuivre, les traversent sans les intéresser. Cependant, en animant d'une force vive les lignes de force magnétiques, elles parviennent à orienter les molécules de cuivre, comme il se voit dans l'induction où l'on fait tourner rapidement un aimant en regard d'un conducteur de cuivre. L'aimant au repos est sans action, mais en mouvement rapide il devient actif. De même les lignes de force d'un électro-aimant, c'est-à-dire les lignes de force renforcées d'un aimant, attireront le cuivre, ce que ne pouvaient faire les lignes de l'aimant.

CONSTITUTION TOURBILLONNAIRE DE L'AIMANT

Sauf les résultats d'expérience, on ignore tout de la constitution d'un aimant.

En plaçant une feuille de papier horizontale au-dessus d'un barreau aimanté posé sur une table, et en tamisant au-dessus de la fine limaille de fer, j'ai maintes fois rappelé que ces li-

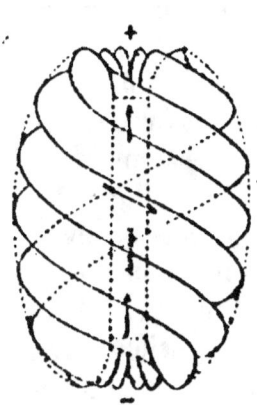

mailles se disposent en lignes ténues et serrées se rendant sans discontinuité d'un pôle au pôle opposé. On dit que ce sont là des lignes de force, mais de ces lignes on ignore la nature ; on s'imagine même qu'elles sont planes et qu'une ligne figurée sur le papier n'est que la représentation d'une ligne de force réelle, c'est là une illusion ; la ligne de force a dans l'espace un parcours hélicoïdal, elle se rend d'un pôle à l'autre en tourbillonnant autour du barreau un nombre plus ou moins considérable de fois suivant la longueur de ce barreau, et c'est cette forme tourbillonnaire qui confère à l'aimant ses propriétés rotatoires. L'étude attentive de la constitution de l'aimant conduit à ces conséquences; mais il faut pour cela avoir bien saisi la constitution du champ électromagnétique autour des courants; or cette constitution est encore ignorée de la science.

J'ai exposé plusieurs fois déjà cette constitution que j'ai toutes raisons de croire exacte, et je l'ai reprise sommairement vers le début du présent ouvrage sous le titre **Champs électromagnétiques autour des courants.** Je la reprends encore ici pour bien faire saisir ces modalités de l'aimant.

Un fil conducteur siège d'un courant est composé de files de molécules orientées, chacune de ces files est animée d'un mouvement excessivement rapide de rotation auquel est dû la propulsion du courant; en outre ce mouvement de rotation engendre autour de chaque file un champ tournant d'éther et tous ces champs élémentaires se composent en un champ tournant unique lequel est le champ électromagnétique régnant autour des courants. Ce champ électromagnétique est donc un champ d'éther animé d'une rotation très rapide. C'est, nous l'avons dit déjà, l'équivalent du champ tournant d'air qui règne autour d'un arbre ou d'un volant d'usine. Cette genèse ne procède pas d'une simple spéculation de l'esprit, elle résulte d'expériences faites depuis déjà longtemps.

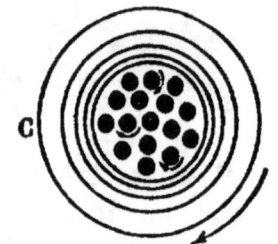

La même chose se passe exactement pour l'aimant; chez lui aussi les molécules sont alignées en files et tournent avec rapidité; chez lui aussi doit donc régner un champ électromagnétique.

Ce champ circulaire ou électromagnétique a été mis en évidence par Colardeau : en employant des poudres moyennement magnétiques, telles que celles de fer oligiste cristallisé, et celles de divers oxydes de cobalt et de nickel en suspension dans l'eau, Colardeau a obtenu des spectres semblables à ceux produits par des limailles de fer autour des courants; ces poudres n'accusaient que le champ circulaire et restaient indifférentes aux lignes de force de l'aimant.

Dans les aimants, le champ tournant prend une forme particulière ; il se traduit par une torsion imprimée aux lignes de force qui se rendent d'un pôle à l'autre ; il donne au faisceau de ces lignes une forme tourbillonnaire et par suite il est la cause première des propriétés rotatoires de l'aimant.

Chaque point d'une ligne de limaille, qui se dessine sur une feuille de papier, appartient donc en réalité à des lignes de force différentes.

Qu'on imagine un tube formé de deux parties s'emboîtant l'une dans l'autre, comme un étui à aiguilles ; cet étui est percé aux deux extrémités et il est rempli par des filaments ténus, fils de cuivre, crins, etc..., lesquels sortant par un bout rentrent par l'autre. C'est là la représentation de l'aimant tel qu'on se le figure. Mais faisons tourner l'une des moitiés de l'étui sur l'autre moitié, les filaments seront tordus, ce sera là la représentation véritable des lignes de force de l'aimant.

Ainsi tout est tourbillonnaire dans l'aimant : la ligne de force élémentaire d'abord, et c'est là la cause de l'attraction ; l'ensemble des lignes de force ou le champ magnétique ensuite, et c'est là la cause des propriétés rotatoires de l'aimant.

Cette torsion des lignes de force n'a été entrevue par aucun auteur, que je sache ; les propriétés tourbillonnaires de l'aimant sont cependant reconnues par tous. Ainsi Lodge, qui envisage quatre états de l'électricité, définit le magnétisme comme de l'électricité en rotation « c'est, dit-il, de l'électricité soumise à un mouvement tourbillonnaire, et la perturbation qui constitue le magnétisme provient de quelque phénomène de rotation autour d'un axe » et Lodge cite l'expérience suivante : si, au-dessus d'un barreau aimanté vertical, on suspend une bande d'or de deux mètres de longueur dans laquelle on fait passer un courant électrique intense, on voit le ruban s'enrouler en spirale autour du barreau.

Par des dispositifs appropriés, on fait tourbillonner des liquides autour de pôles d'aimant. Un plan de lumière polarisée réfléchi sur un pôle d'aimant est tordu, etc.

POINTS CONSÉQUENTS. — DIAMAGNÉTISME

Points conséquents. — La genèse des aimants explique, sans qu'il soit besoin d'y insister, toutes leurs particularités, celles des points conséquents par exemple, on sait ce que sont ces points conséquents, ce sont des pôles qui, outre ceux des extrémités existent dans la longueur de l'aimant.

En orientant dans chaque moitié d'un barreau d'acier les molécules dans des sens différents, on aboutit à créer aux extrémités des pôles de même nom, et au milieu ou en un point quelconque du barreau un pôle unique. Il suffit de jeter les yeux sur le croquis ci-joint pour saisir le processus de cette particularité. 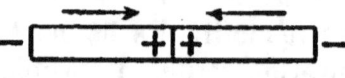 Pour obtenir ce résultat, il suffit de placer en regard de chaque extrémité du barreau un pôle **+** d'aimant ou un pôle **—** ; dans le premier cas le point conséquent est **+** et dans le second cas **—**.

Diamagnétisme. — On sait en quoi consiste le diamagnétisme, certains corps placés en face d'un aimant au lieu d'être attirés sont repoussés. Le diamagnétisme s'explique d'une façon rationnelle et fort simple par notre hypothèse unique de la dissymétrie ou de la forme propulsante de la molécule. Pasteur a démontré, nous l'avons dit souvent, que telles étaient toutes les molécules organiques, les unes tournant à droite (dextrorsum), les autres tournant à gauche (sinistrorsum) ; des molécules de même composition offrent même les deux cas, telles celles de l'acide tartrique dont l'un est gauche et l'autre droit.

N'est-il pas rationnel d'admettre que dans les molécules inorganiques les deux sortes se rencontrent également : si en face d'un aimant dont les molécules tournent à droite, je suppose, je place un barreau de bismuth dont les molécules tournent à gauche, cette différence dans la dissymétrie ne fera pas obstacle à l'orientation des molécules dans le barreau de bismuth,

comme on peut s'en rendre compte en plaçant en face d'un ventilateur tournant dextrorsum un ventilateur sinistrorsum, ce dernier se met à tourner sous l'insufflation du premier; mais, tandis que l'un tourne à droite, l'autre tourne à gauche. Lorsque l'influence est produite et bien que dans l'aimant et dans le bismuth les molécules soient orientées dans le même sens et travaillent toutes les deux dans le sens de la propulsion, les lignes de force émises tournant en sens différents ne peuvent se confondre, par suite il n'y a pas action de tire-bouchon, et par suite encore pas d'attraction; bien plus il y a légère répulsion, car les deux ressorts ne s'adaptant pas se contrarient. Dans cette hypothèse, toutes les substances dont la molécule tourne dans un sens différent de celles du fer seraient diamagnétiques.

La première épreuve de cet ouvrage était déjà imprimée lorsque, en relisant l'introduction du Traité élémentaire d'électricité de Maxwell par William Garnett, j'y ai rencontré une éclatante confirmation de ma genèse du diamagnétisme.

On sait que la lumière polarisée est de la lumière dont les vibrations se produisent seulement dans un plan. C'est seulement dans le plan de polarisation que l'on perçoit la lumière et non dans tous les sens comme cela a lieu pour la lumière naturelle; or, par son passage à travers des corps dont les molécules sont orientées, soit naturellement, soit artificiellement, le plan de polarisation est tordu tantôt à droite, tantôt à gauche, suivant un mécanisme que j'explique quelques pages plus loin à l'article *polarisation rotatoire de la lumière*.

En parlant de la constitution tourbillonnaire de l'aimant, j'ai cité comme preuve de ce tourbillonnement qu'un plan de lumière polarisée réfléchi sur un pôle d'aimant était tordu. Or, à la préface ci-dessus mentionnée de William Garnett, je lis :
« Maxwell a fait remarquer qu'il résulte de la découverte faite
« par Verdet que les substances magnétiques exercent sur la
« lumière une action opposée à celle des diamagnétiques, que la

« rotation moléculaire doit par conséquent être opposée dans
« ces deux classes de corps. » C'est chez moi la théorie seule
qui m'a conduit à cette conséquence et par suite à l'attribution
de formes gauches inverses aux molécules du bismuth et à
celles du fer.

Cette déduction, si elle est exacte, doit conduire à cette autre
conséquence facile à vérifier : si, dans un fil conducteur de fer,
on intercale un morceau de fil de bismuth, le champ électromagnétique devra, sur ce dernier, tourner en sens inverse, et si
l'aiguille aimantée s'oriente à droite sur le fil de fer, elle devra
s'orienter à gauche sur le fil de bismuth.

On voit d'ici que, dans le passage du fer au bismuth, le courant devant changer le sens de sa rotation, devra éprouver à
la soudure une résistance considérable.

CORPS DIÉLECTRIQUES

Il est une catégorie de corps mauvais conducteurs qui se dis-
tinguent par des propriétés particulières qui les rapprochent
des aimants. Les mauvais conducteurs proprement dits restent
inertes en présence des corps électrisés ; chez les diélectriques,
au contraire, les lignes de force électriques finissent par orienter les molécules mais sans production de courant, tout comme
chez les aimants.

Je me hâte de dire que cette théorie m'est personnelle ; mais
tout démontre sa vraisemblance, comme on va en juger ; et
tout d'abord elle explique à merveille les propriétés des lames
de condensateurs et toutes les particularités des condensateurs
eux-mêmes, en particulier celles des **charges résiduelles** et des
électricités dissimulées.

CONDENSATEURS

On sait ce que c'est qu'un condensateur : c'est un appareil
constitué par une lame diélectrique L en verre, mica, ébo-

nite etc., contre laquelle on applique deux plaques métalliques A, B désignées sous le nom d'**armatures** ; à ces armatures
viennent communiquer les deux électrodes d'une pile, d'une
machine électrique, etc., d'un appareil en un mot qui met en
mouvement de l'électricité ; dans d'autres cas l'une des armatures communique à la Terre. Pour ne pas nous égarer, nous ne
considérerons que le premier cas, l'explication sera la même
pour le second.

A un certain point de tension, la pile s'arrête ; les armatures
sont suffisamment chargées ; à ce moment enlevons les électrodes et faisons communiquer entre elles les armatures A, B
par un conducteur ou un excitateur, une décharge oscillante
se produit qui par plu-
sieurs étincelles successives
et de sens opposés ramène
les armatures à l'état neutre.

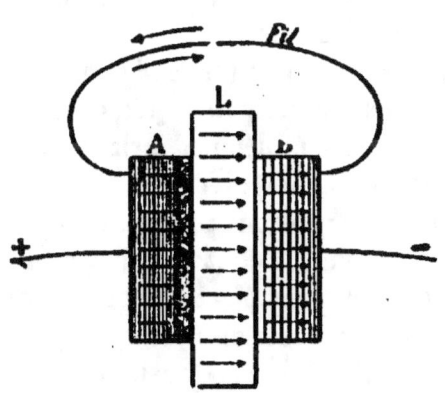

Comment explique-t-on
ces effets ? Voici l'explication fournie par Maxwell
et adoptée par la science :
le courant vient presser sur
les molécules du diélec-
trique, lesquelles agissant
comme des ressorts, se ten-
dent et transmettent la pression de l'autre côté de la lame. Il
y aurait là ce que Maxwell et toute la science officielle à sa
suite appellent un **courant de déplacement,** de sorte que le courant se fermerait à travers la lame du diélectrique, et c'est ce
que l'on admet en effet.

Cette explication ne vaut ni mieux ni moins que tant d'autres
adoptées par la science ; elle ne saurait en tout cas me suffire. Je
n'admets que ce que je comprends. Remarquons d'ailleurs que
malgré cette soi-disant fermeture le courant est arrêté.

Charges résiduelles. — Pour moi le diélectrique est une
barrière effective au courant électrique, mais non pas une barrière inerte ; elle donne lieu en effet à divers effets secondaires
fort curieux, parmi lesquels les **charges résiduelles** et les **électri-**

eltés dissimulées. Or, ces particularités, ma théorie les explique
et non pas celle de Maxwell, non plus d'ailleurs que toute
autre.

Un condensateur étant déchargé complètement, on reconnaît
au bout d'un instant que les armatures sont chargées à nouveau ; et si on les décharge encore, elles se retrouvent chargées
peu après. Les physiciens expliquent ces **charges résiduelles** en
disant que de l'électricité positive et de l'électricité négative
étaient entrées dans la lame du diélectrique, et qu'elles en sont
ressorties lentement, c'est une explication simpliste.

En réalité, les rechargements secondaires sont dus à l'orientation des molécules dans la lame diélectrique L, orientation
qui comme dans les aimants donne lieu à des lignes de force,
mais sans production de courant. C'est à cette particularité
que sont dus tous les effets des condensateurs.

Dès lors voici le processus des charges résiduelles : sous l'effet des charges + en A et − en B, il s'établit peu à peu dans la
lame diélectrique L une orientation des molécules, orientation
qui se communique aux molécules des armatures.

Les molécules du diélectrique ne propulsent pas, mais celles
des armatures A et B propulsent ; or voici l'effet de ces propul-
sions qui est identique à celui de l'influence électrique exposée
à la page 75 : du côté de l'armature A l'électricité est appliquée
contre la lame du diélectrique, de sorte que si la densité du côté
de l'extérieur est celle de la source de chargement, la densité du
côté de la lame sera plus considérable ; l'inverse se produit sur
l'armature opposée.

Mettons en communication A et B, il y aura décharge, et les
surfaces extérieures de A et de B seront ramenées à l'état
neutre, mais les surfaces extérieures seulement, car, sous l'effet
de la propulsion moléculaire toujours agissante, il y aura
d'un côté de la lame et appliquée contre elle de l'électricité +,
et de l'autre côté de l'électricité −.

Après la décharge, la contrainte s'étant affaiblie, les lignes de
force sont devenues moins énergiques ; dès lors les molécules
de A et de B propulsant et aspirant moins qu'auparavant,
les quantités appliquées contre la lame du diélectrique dimi-
nuent et les tensions + et − réapparaissent sur les surfaces

extérieures des armatures ; ce sont là les charges résiduelles,
elles ne ressortent nullement de la lame diélectrique.

Dans son ouvrage sur l'*Electricité statique* M. Mascart expose
les constatations suivantes : un condensateur avec lame de
soufre de 6 millimètres d'épaisseur exige pour être chargé au
maximum, 64 minutes; la moitié de la charge est immédiate,
c'est donc l'autre moitié qui exige 64 minutes. Avec une plaque
de gomme laque de même épaisseur un quart d'heure suffit.

Ces diverses manières d'être s'expliquent aisément; pendant
la charge, la ligne de force qui accompagne le courant traverse
la lame du condensateur qui est mauvaise conductrice et va
par delà influencer l'autre armature, c'est cette influence qui
produit la charge immédiate; mais les molécules de la lame
s'orientent peu à peu et une fois orientées elles émettent pour
leur propre compte des lignes de force qui contribuent à
accroître les charges appliquées contre elle; c'est à ces lignes
de force que sont dues les charges résiduelles suivant le mécanisme ci-dessus exposé.

Dans les condensateurs à lame d'air consistant simplement
en deux armatures séparées par une simple épaisseur d'air,
c'est la première partie de la charge, la charge immédiate qui se
produit seule et on n'obtient que cette seule décharge immédiate, cela est dû à ce que les molécules d'air non seulement
n'ont pas tenu mais n'ont pas même pris l'orientation.

La décharge brusque correspond à la portion de charge qui a
été immédiate; les décharges résiduelles sont celles qui ont
exigé 64 minutes ou un quart d'heure pour effectuer la charge
maxima, autrement dit, pour orienter les molécules du diélectrique au maximum dans les lames de soufre et de gomme
laque. Comme tous les autres physiciens, Mascart attribue
les charges résiduelles à une pénétration effective d'électricité dans la lame du diélectrique, d'où elle ressortirait
plus tard.

Pellat, qui a beaucoup expérimenté sur les diélectriques, a
constaté qu'un diélectrique solide ou liquide placé dans un
champ constant prend une polarisation qui n'est pas instantanée et ne la perd que progressivement lorsque le champ vient
à cesser.

On peut dans le condensateur placer une lame isolante en
ébonite formée de simples plaques accolées. Si immédiatement
après la charge ou la première décharge on enlève les armatures, on reconnaît que chaque plaque d'ébonite est positive
d'un côté et négative de l'autre ; si on avait pris une lame de
mica il en eût été de même ; chaque feuillet, si mince fût-il, eût
également été doué de polarités contraires sur les deux faces
opposées.

Il n'y a donc pas d'électricité accumulée dans le diélectrique,
sans quoi une moitié de l'épaisseur entière de la lame eût été
positive, et l'autre moitié négative. C'est, comme nous l'avons
dit, la seule orientation des molécules de la lame diélectrique
qui est la cause des charges résiduelles.

Pellat qui emploie le mot de **polarisation** n'attache à ce mot
aucune qualité particulière, encore moins prévoit-il une molécule gauche ; or c'est là que gît la solution, car c'est cette forme
gauche qui produit l'aspiration et la propulsion.

Électricités dissimulées. — Après la décharge des armatures d'un condensateur, ces dernières ne paraissent plus conte-
nir d'électricité ; or c'est là une illusion. Comme nous l'allons
voir, il existe des électricités dissimulées.

Est-il vraiment nécessaire, après ce que nous venons de dire
des électricités résiduelles, d'exposer le mécanisme des électricités dissimulées ? Ces électricités sont celles appliquées contre la
lame du diélectrique par l'orientation des molécules des armatures, lesquelles molécules, par l'effet de leur propulsion et de
leur aspiration, appliquent contre la lame diélectrique d'un côté
de l'électricité **+** ou de l'électricité comprimée, de l'autre
de l'électricité **—** ou de l'électricité raréfiée.

Ces électricités appliquées et maintenues contre la lame L
par la propulsion et l'aspiration des molécules ne sont pas
apparentes à la surface, elles sont **dissimulées** ; mais elles deviennent libres si on enlève les armatures, c'est-à-dire si on
les soustrait à l'influence de la lame diélectrique ; l'orientation
des molécules cessant alors dans les armatures, A se trouve
uniformément chargé d'électricité **+** et B d'électricité **—**.

Mais alors que la ligne de force de l'aimant est incapable

d'influencer une molécule de métal autre que celle du fer, comment se fait-il que la ligne de force du diélectrique puisse orienter les molécules des armatures? C'est que les molécules du diélectrique ont reçu une énergie supplémentaire par la charge électrique et c'est cette énergie supplémentaire qui se dépense. Les molécules de l'aimant au contraire ne possédant que leur énergie naturelle, la ligne de force qui en résulte est d'une puissance moindre que celle des diélectriques.

DÉCHARGE OSCILLANTE

Un condensateur à lame diélectrique étant chargé, si on veut le décharger instantanément, du moins de sa charge immédiate, il suffit de mettre en communication les deux armatures par un fil métallique; on obtient alors une décharge oscillante, c'est-à-dire qu'il se produit dans le fil un mouvement de va-et-vient d'électricité allant d'une armature à l'autre. A quoi est dû ce

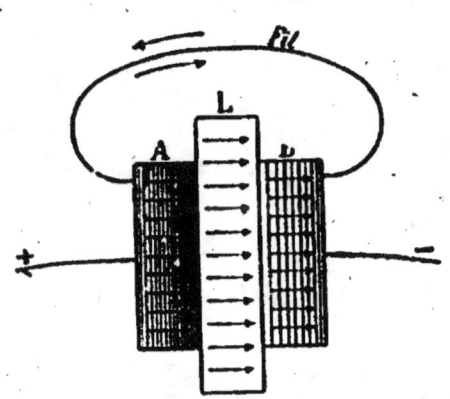

mouvement d'oscillation? Et tout d'abord qu'est-ce bien exactement qu'une décharge oscillante, et d'une manière plus générale un courant oscillant?

Lorsque, au moyen d'une dynamo, on produit dans un fil des courants de sens inverses, on donne lieu à des courants alternatifs; la période de cette alternance peut être aussi courte que l'on voudra, ce ne seront toujours là que des courants alternatifs.

Considérons maintenant un fil de cuivre de longueur quelconque MN, en un point K, de ce fil provoquons une orientation moléculaire instantanée par le passage rapide d'un pôle d'aimant par exemple; le coup de fouet donné par la ligne de force magnétique orientera les mo-

M   K   •N

lécules en K par le même processus qu'un coup de fouet frappant une toupie gisant sur le sol la redresse, en l'obligeant à tourner dans le sens inverse du coup de fouet.

Les molécules du fil orientées vivement en K orientent à leur tour dans leur même sens toutes les molécules du fil, les unes par propulsion, les autres par aspiration ; un courant prend ainsi naissance, lequel se retourne et prend un mouvement de va-et-vient excessivement rapide qui ne prend fin qu'après une série d'oscillations de plus en plus affaiblies ; ce sont là des courants oscillants ; nous avons déjà examiné cette question en traitant de la télégraphie sans fil.

En réalité, c'est l'onde de propagation du courant qui règle la durée de l'oscillation ; par conséquent plus la tige MN sera courte, plus sera courte aussi la durée de l'oscillation ; il sera aisé par suite d'en calculer le nombre par seconde sachant que la vitesse de propagation est de 300.000 kilomètres par seconde, ou plus exactement 180.000 dans le cuivre.

Pour obtenir une oscillation plus énergique, on peut terminer le conducteur MN aux deux extrémités par deux sphères métalliques P, Q ; on intéresse alors un plus grand nombre de molécules à l'oscillation et on aboutit au dispositif ci-contre qui est celui du premier

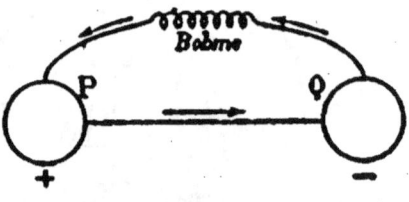

excitateur construit par Hertz, le créateur des ondes hertziennes.

Dans cet excitateur l'impulsion est donnée par la décharge d'une bobine de Ruhmkorff ; le pôle **+** du fil secondaire se décharge en P, le pôle **—** en Q, ce qui revient à dire que de l'électricité est aspirée de Q et refoulée vers P en un circuit continu. L'impulsion étant instantanée, dès qu'elle a pris fin les molécules reviennent sur elles-mêmes et il s'établit un mouvement oscillatoire excessivement rapide. Ici naturellement la période est plus longue que dans le cas du simple fil MN. Et qu'on veuille bien remarquer le mécanisme de la décharge de la bobine : il n'y a là nulle introduction d'électricité, le fil secondaire de la bobine ne reçoit aucune électricité du fil primaire et il n'en peut recevoir aucune puisqu'il n'y a entre eux aucune communication ; la seule excitation qu'il reçoive est un coup de fouet du champ électromagnétique primaire, analogue à celui qui tout à l'heure avait fouetté le conducteur MN. Cela fait, les molécules du fil secondaire violemment orientées propulsent vers P et aspirent du côté Q, d'où résulte une orientation moléculaire de tout le circuit. La décharge ayant été instantanée, un mouvement oscillatoire se produit dans l'excitateur, lequel mouvement se poursuit jusqu'à une décharge nouvelle de la bobine, l'orientation est donc purement mécanique.

Si l'excitateur présentait en un point quelconque de sa longueur une légère coupure, le courant ne serait pas arrêté pour cela, mais à chaque retournement il se produirait une petite étincelle tantôt dans un sens, tantôt dans l'autre. Ces **courants oscillants** donneraient lieu alors à des **décharges oscillantes,** mais rien de ces décharges ne passerait à l'extérieur. En réalité, il n'y a pas dans le fil plus d'électricité qu'il n'y en a à son état naturel ; ce qui donne lieu à courant, c'est simplement l'orientation moléculaire, et c'est la seule élasticité des molécules qui entretient l'oscillation.

Dans un condensateur chargé, le fil de cuivre qui met en communication les armatures A, B trouvant les molécules de ces armatures déjà orientées et s'efforçant les unes d'aspirer les autres de propulser, un courant oscillant s'établit dès que la communication entre les deux armatures est effectuée. La décharge se produit de A en B puis l'oscillation se renverse et se produit de B en A ; ainsi de suite jusqu'à extinction complète de l'oscillation des molécules. La bouteille de Leyde n'est autre chose qu'un condensateur.

Un condensateur électrique présente d'autres particularités qu'il serait trop long de passer en revue ; elles s'expliquent toutes aussi simplement et de la même façon que les précédentes.

Pour un esprit non prévenu, aucun exemple n'est plus probant de la vérité de notre hypothèse de la molécule gauche que celui du condensateur avec ses multiples particularités.

Un courant continu est arrêté dans un condensateur par la lame du diélectrique, il en est de même d'un courant alternatif de faible fréquence, un courant de très grande fréquence peut au contraire s'établir, pourquoi ? La raison découle de l'exposé que nous venons de faire, la quantité d'électricité aspirée et refoulée alternativement étant très faible, peut être puisée dans les armatures qui, dans ce cas, constituent des réservoirs suffisants.

ÉLECTRICITÉ DE FROTTEMENT

L'examen auquel nous venons de nous livrer des phénomènes qui se passent dans les diélectriques, explique l'action du bâton de cire frotté sur les corps légers ; on comprend qu'un bâton de cire frotté dans le sens de sa longueur par une substance qui agrippe fortement sur la cire, telle qu'un morceau de flanelle, ait ses molécules superficielles orientées dans le sens de la longueur ; le bâton de cire se trouve dès lors dans les conditions d'un aimant ou de la lame du condensateur chargée ; les molécules orientées émettent des lignes de force, lesquelles attirent des corps légers. Les molécules de surface de la flanelle s'électrisent d'ailleurs aussi d'une électricité contraire, en s'orientant en sens inverse.

Le gâteau de résine d'un électrophore battu par une peau de chat se trouve dans les mêmes conditions ; les lignes de force émises sont capables d'attraction et capables d'influence, mais elles ne présentent pas de courant ; on parvient bien à tirer quelques étincelles, mais elles sont simplement de surface ; c'est par simple influence, comme dans la lame du condensateur, que les molécules du gâteau de résine chargent un plateau métallique qu'on appuie sur lui.

Lorsqu'on frotte le bâton de cire ou qu'on bat le gâteau de résine, en même temps que de l'électricité on développe de la chaleur, le processus de cette chaleur accompagnant l'électricité a été exposé à la page 59 au chapitre qui traite de la transformation de l'énergie électrique en chaleur.

PREUVES DE L'ORIENTATION MOLÉCULAIRE
DANS LES DIÉLECTRIQUES

L'orientation moléculaire dans les diélectriques est démontrée par de nombreuses expériences. Nous venons de la reconnaître dans l'ébonite et le mica formant lames de condensateur; nous la reconnaîtrons mieux encore dans les liquides.

Remplissons d'eau un récipient; dans cette eau jetons des particules de fer en suspension, l'eau apparaîtra trouble; si nous plaçons le récipient entre les pôles d'un électro-aimant, l'eau s'éclaircira immédiatement dans la direction des pôles de l'électro. Cet effet est dû à l'orientation des molécules de fer sous l'action des lignes de force.

Prenons maintenant un vase rempli d'essence de térébenthine, liquide mauvais conducteur, et répandons à la surface des brins de soie; lorsqu'on cherche à faire passer dans l'essence le courant d'une batterie de piles, le courant ne passe pas, mais des lignes de force traversent le liquide, ce qui se manifeste par l'orientation des brins de soie, en files qu'il est difficile de rompre et qui se reforment une fois rompues, chaque brin est + d'un côté et − de l'autre.

Du sulfure de carbone devient biréfringent dans un champ électrique, ce qui indique une orientation moléculaire comme dans les cristaux; l'effet de cette orientation se manifeste surtout sur la lumière polarisée. laquelle est un réactif très sensible en l'espèce. On sait ce que c'est que la lumière polarisée, c'est, je le répète encore une fois, de la lumière qui, au lieu de vibrer dans toutes les directions, ne vibre que dans un seul plan. Si dans les diélectriques solides l'orientation des molécules est lente à se produire, la désorientation est plus lente encore. Franklin cite le cas d'une bouteille de Leyde qui est restée chargée pendant sept mois; un gâteau de résine frappé par une peau de chat, autrement dit un électrophore, conserve pendant des mois la faculté de donner des étincelles; d'autre part Maxwell relate que dans certaines espèces de verre la polarisation ou orientation des molécules dure des années, alors

que dans le cuivre elle dure moins de un billionième de seconde,
c'est-à-dire que la molécule de cuivre se désoriente aussitôt
que cesse la contrainte qui la maintenait orientée. Ce qui distingue un diélectrique solide d'avec un aimant, c'est que les
lignes de force de l'aimant ne sont capables que d'influencer
des molécules de fer, tandis que chez les diélectriques, elles-
influencent les molécules de cuivre, cela tient à ce que les
molécules diélectriques sont temporairement pourvues d'une
énergie supplémentaire.

Polarisation rotatoire de la lumière. — Lorsqu'on
place entre les deux pôles d'un électro-aimant un morceau de
verre-cristal et qu'on fait passer dans ce cristal de la lumière
polarisée en suivant la direction de la ligne des pôles, le plan de
polarisation est tordu à la sortie. C'est le phénomène dit de la
polarisation rotatoire de la lumière. On dit communément que
le magnétisme a de l'action sur la lumière polarisée, et on se
demande de quelle nature peut bien être cette action.

Ce n'est pas sur la lumière qu'agit l'électro-aimant; la lumière n'est pas une entité existant par elle-même et l'électromagnétisme pas davantage, c'est sur les molécules du
verre; les lignes de force traversant le verre orientent ses
molécules dans un sens ou dans l'autre suivant la direction des pôles. Ces molécules alignées tournant à grande
vitesse entraînent en un champ tournant rapide l'éther qui
les entoure, éther dont Fizeau a reconnu l'existence autour
de chaque molécule et qui lui reste attaché lorsqu'elle se déplace. C'est dans ce champ d'éther tournant à des vitesses de
trillions de tours par seconde, en tout semblable aux champs
électromagnétiques qui règnent autour des courants, que vient
passer le plan de polarisation.

Ce plan est naturellement tordu, et la torsion est proportionnelle à l'épaisseur des molécules traversées, c'est-à-dire à
l'épaisseur de la plaque; il n'y a là qu'un effet mécanique.

La preuve que la torsion du plan de polarisation est bien due
aux molécules, c'est qu'elle ne se produit pas dans le vide.

ÉCLAIR. — CHUTE DE LA FOUDRE

Les phénomènes que nou- présente un orage ne sont que des phénomènes d'électricité statique lesquels ne mettent en jeu que de faibles quantités d'électricité, mais sous de très fortes tensions. Dans un orage tout le monde peut suivre les péripéties des phénomènes, l'étincelle sous forme d'éclair, la décharge disruptive sous la forme de chute de la foudre, etc. Il ne faut pas croire que lors de cette chute, de cette décharge ou de cet éclair, il tombe quelque chose du nuage sur la Terre; ce n'est là qu'une apparence, comme je compte le démontrer.

Considérons un nuage N chargé d'électricité **+** ou **—**. Ce nuage émet en tous sens des lignes de force dont quelques-

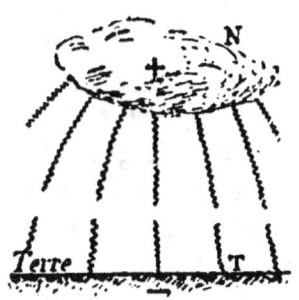

unes viennent s'accrocher sur les corps neutres bons conducteurs, la Terre par exemple ; ces lignes de force sont, nous croyons l'avoir démontré, en forme de tire-bouchons tournant avec une grande rapidité et elles orientent et retiennent dans leur tourbillon les poussières et molécules d'air qu'elles rencontrent. Ces poussières ou ces molécules sont ionisées comme on le dit, mais sans attacher à ce mot aucune précision. Or l'air est un diélectrique comme le sont le mica, le verre, l'ébonite, etc., c'est-à-dire que ses molécules s'orientent mais ne conduisent pas l'électricité, elles ne se la transmettent pas d'une molécule à l'autre ; si cependant la tension s'accroît d'une façon suffisante, il se produit une **décharge disruptive,** le long des lignes de force qui deviennent conductrices pendant un instant très court.

Le processus est le même lorsque le diélectrique est liquide comme l'essence de térébenthine ou solide comme le verre. Dans ce dernier cas le diélectrique est brisé; il y a rupture, d'où l'expression disruptive.

Le cas de l'éclair et de la chute de la foudre sont du même genre ; mais avant de l'aborder cherchons à nous rendre compte de la formation d'un nuage orageux ; une molécule étant de forme hélicoïdale se comporte, comme nous l'avons vu, de façons différentes suivant qu'elle est gazeuse ou solide ; gazeuse, elle se propulse elle-même dans l'éther par l'effet de sa rotation ; solide ou tout au moins assujettie à tourner sur place, elle propulse et aspire l'éther dans lequel elle est plongée, ce qui lui constitue une atmosphère d'éther.

Dans un jour d'été, de la vapeur d'eau se condense à une certaine hauteur dans l'atmosphère, les molécules d'eau devenues stables de gazeuses qu'elles étaient propulsent et aspirent de l'éther, et comme l'énergie dont elles sont pourvues après une journée torride est considérable, leurs mouvements de rotation sont très accentués et par suite elles s'entourent d'une atmosphère d'éther ou d'une charge électrique considérable ; les molécules d'eau sont dès lors chargées d'électricité positive au regard des autres corps restés neutres, la Terre par exemple.

Voilà donc un nuage positif constitué. Ce nuage émet des lignes de force propulsantes qui ont parfois une très grande longueur et dont quelques-unes viennent s'accrocher à la Terre ; ces lignes de force orientent sur leur parcours les poussières et les molécules qu'elles rencontrent, molécules d'eau, molécules d'air, etc.; elles traversent de même le corps humain en lui occasionnant un malaise que l'on traduit en disant que le temps est orageux, mais il n'y a là que des lignes de force.

Lorsque la tension électrique du nuage est suffisamment élevée, il se produit une décharge disruptive instantanée le long d'une ou d'un faisceau de lignes de force. On dit alors que la foudre tombe, et lorsque cette décharge traverse le corps humain elle le foudroie ; cette décharge nous pouvons en suivre le trajet par l'éclair qui sillonne l'espace ; il nous semble, tant sa vitesse est grande, que cet éclair éclate et brille simultanément en tous les points de son parcours ; naturellement le point aboutissant est celui qui offre à la décharge la moindre résistance, le point le plus élevé sur un corps très bon conducteur par exemple.

Examinons avec attention les phénomènes de la foudre et de l'éclair ; y a-t-il vraiment quelque chose qui tombe du nuage sur la Terre ? Nous allons reconnaître que malgré les apparences il n'en est rien.

Comme toujours, commençons par envisager le cas hydraulique et supposons que NT soit un tuyau rempli d'eau, de 1.435 mètres de longueur faisant communiquer un réservoir d'eau N avec un aboutissant quelconque T. Nous savons que toute poussée en N, si faible soit-elle, se transmet en une seconde à l'extrémité T. C'est là le processus de tous les courants, et nous avons maintes fois mis en relief cette singularité de la vitesse d'un courant se retrouvant en tous points à la vitesse de l'onde de propagation. On retrouvera donc en T, au bout d'une seconde, non l'eau propulsée en N, mais de l'eau qui déjà avoisinait l'extrémité T du tuyau.

C'est ce qui se passe encore dans la presse hydraulique, la pression s'y transmet à la vitesse de 1.435 mètres à la seconde ; mais l'eau qui presse à l'extrémité n'est pas celle qui a été poussée par la presse, c'est une eau différente, une eau qui se trouvait déjà à l'extrémité de la canalisation.

Compliquons maintenant l'expérience, et en divers points de la longueur du tuyau NT imaginons qu'il se trouve des diaphragmes, la pression exercée au sommet de la colonne se transmettra bien à l'autre extrémité, c'est-à-dire que l'onde de propagation passera, mais non pas le courant. Tant que la poussée qui se produit en N sera incapable de crever les diaphragmes, le courant ne passera pas, mais si elle acquiert une tension suffisante les diaphragmes seront crevés et il y aura un courant instantané, un courant disruptif ; c'est le cas de molécules diélectriques. Dans un corps diélectrique, la poussée crée bien des lignes de force ; elle oriente bien les molécules rencontrées, poussières, air, vapeur d'eau, mais le courant ne passera qu'au cas d'une tension très élevée ; il y aura alors décharge disruptive, et s'il s'agit d'un solide, une plaque de verre par exemple, le verre sera brisé.

Dans la décharge disruptive électrique, la quantité d'électricité expulsée est peu considérable, la tension seule l'est. Dans le cas de l'éclair et de la chute de la foudre, tout comme dans celui de la presse hydraulique, ce n'est pas l'électricité du nuage qui vient à la Terre, c'est une quantité équivalente située tout proche de la Terre mais pourvue d'une tension énorme.

La décharge est toujours accompagnée d'un éclair aussi bien dans les machines électro-statiques de nos laboratoires que dans la foudre.

Dans la décharge disruptive d'eau envisagée plus haut, tous les diaphragmes étaient crevés presque simultanément à la vitesse de 1.435 mètres par seconde.

Dans le cas de la foudre, toutes les molécules sont intéressées à la vitesse de 300.000 kilomètres par seconde, c'est-à-dire presque instantanément, ce qui donne à l'éclair l'apparence d'une ligne de feu continue allant du nuage à la Terre sur une longueur de plusieurs kilomètres ; la lumière émise par les molécules est due au nombre très élevé de vibrations qui leur a été communiqué par le passage de l'électricité.

Si le nuage était négatif, la décharge aurait lieu en sens inverse, la foudre alors monterait au lieu de descendre, elle s'élèverait au lieu de tomber, mais les effets en seraient les mêmes.

Cette explication de la chute de la foudre ne figure nulle part, et elle ne pouvait être donnée tant qu'on n'avait pas fait la distinction entre le courant, la propagation du courant et le phénomène subsidiaire troublant, du courant se retrouvant toujours à la vitesse de propagation, soit 300.000 kilomètres par seconde. Pour la science actuelle, la foudre tombe toujours du nuage à la Terre. Pendant la chute de la foudre, il y a courant instantané, et par suite champ électromagnétique instantané semblable à celui qui se produit autour de l'antenne dans la télégraphie sans fil. Ce champ électromagnétique, vu son instantanéité jouit d'un pouvoir d'induction considérable, et il est susceptible d'aller orienter au loin les molécules d'un barreau d'acier qu'il transforme en aimant.

Bien entendu l'exemple des diaphragmes était une simple comparaison, la résistance offerte par les molécules des diélectriques est d'autre sorte. En électricité la disruption consiste simplement en ce que une molécule-turbine propulsant mal dans les conditions ordinaires, propulse néanmoins pendant un court instant sous une tension considérable.

La chute de la foudre se complique quelquefois d'une particularité curieuse et inexpliquée, l'**éclair en boule** ou la **foudre globulaire**. Arago considère ce phénomène comme un des plus inexplicables de la physique ; on voit descendre parfois, après un orage, une boule de feu de densité à peu près égale à celle de l'atmosphère ; cette boule se meut quelques instants à la surface du sol et finit par éclater. A quoi pourrait-on attribuer cet éclair en boule ? Nous savons que, lorsqu'un filet d'eau tombe dans l'eau, ou même s'éclabousse sur un obstacle, il se forme des bulles d'air environnées d'une membrane liquide ; si nous n'étions les témoins journaliers de ce phénomène, nous serions incapables de l'imaginer. Comment concevoir en effet qu'une membrane d'eau analogue à une membrane élastique de caoutchouc puisse se former autour d'un volume d'air qu'elle emprisonne, et ce n'est pas là un phénomène accidentel car il est impossible d'agiter de l'eau sans créer des bulles, ou tout au moins des demi-bulles. Les bulles entières sont mobiles, telles les bulles de savon que soufflent les enfants.

Ne peut-on concevoir que les molécules de poussière, d'air, d'eau, etc., qui livrent passage à la décharge disruptive qui constitue la foudre, puissent, sous l'effet d'une résistance quelconque, celle de l'atmosphère par exemple, former également une bulle avec membrane. Les molécules diélectriques rendues lumineuses au moment de la décharge resteraient simplement lumineuses dans la boule, grâce au nombre énorme de vibrations qui leur a été communiqué par la décharge.

Pourquoi l'éclair ne suit-il pas une ligne droite ou du moins une ligne régulière ? D'aucuns disent que c'est à cause de la résistance de l'air. Nous pensons, nous, que c'est parce qu'il suit la ligne qui lui offre le moins de résistance au point de vue des particules matérielles, c'est-à-dire la ligne de plus grande conductibilité.

Ce qui prouve bien que l'éclair et la foudre suivent une ligne de particules matérielles, c'est la lumière émise, il n'y a lumière que là où il y a matière.

La décharge s'effectuant suivant des lignes de force et ces

dernières ne pouvant s'accrocher que sur des corps conducteurs, c'est sur ces corps seuls que la foudre peut tomber. C'est
pour ce motif qu'une personne assise sur un tabouret à pieds
de verre l'isolant électriquement du sol est à l'abri de la foudre.

La décharge disruptive qui constitue la chute de la foudre
met en jeu de faibles quantités d'électricité, mais sous de très
fortes tensions, mille, un million de volts peut-être (les piles
électriques ne fonctionnent que sous 2 volts au plus).

L'électricité tombant sur un arbre sous une pareille tension
y produit des effets disruptifs ou brisants considérables, mais
peu en rapport cependant avec les phénomènes terrifiants pré-
monitoires des éclairs et du tonnerre avec ses roulements pro-
longés.

Si la foudre tombe sur une personne, c'est-à-dire si la décharge se produit sur cette personne, elle la foudroie suivant
l'expression consacrée. En quoi consiste ce foudroiement?
Considérons à nouveau un petit récipient rempli d'air, à l'état
neutre; cet air est sans effet; mais comprimons-le à 200 atmosphères et pratiquons dans le récipient une petite ouverture, par cette ouverture s'échappera un jet d'air capable de
terrasser une personne comme si elle était frappée d'un violent
coup de bâton; l'effet de la foudre est du même genre, c'est un
effet contondant. M. d'Arsonval a en effet reconnu qu'une
forte décharge électrique produit simplement l'asphyxie, la
personne foudroyée est anéantie comme par un choc violent,
sa respiration est suspendue. Les soins à donner au foudroyé
consistent dès lors, comme pour un noyé, à rétablir au plus tôt
la respiration.

S'il s'agissait de brûlures il en serait autrement; mais les
brûlures ne peuvent provenir que d'une grande intensité, car
cette dernière seule est la cause de la chaleur; or le corps
humain qui est peu conducteur n'est pas susceptible d'être
parcouru par une intensité dangereuse, et nous pouvons impu-
nément toucher un conducteur de 6.000 ampères par exemple,
il passera peu d'ampères à travers notre corps, sauf sous une
forte tension; c'est donc la tension ou le voltage qui sont seuls
dangereux.

La foudre nous présente simultanément les trois cas de

vitesses de propagation des ondes que nous connaissons : celles des ondes sonores, des ondes lumineuses et des ondes électriques. Nous percevons tout d'abord la lumière et au même instant a lieu la chute de la foudre, ce qui marque bien que la lumière et la propagation électrique cheminent à la même vitesse; puis au bout d'un instant plus ou moins long, suivant la distance, nous entendons le bruit du tonnerre, c'est-à-dire le bruit produit par la disruption ou l'éclatement de l'étincelle. Ce sont ici les ondes sonores qui sont en jeu.

Comme le son ne se propage qu'à la vitesse de 330 mètres par seconde, lorsque la foudre tombe, c'est tout d'abord le bruit le plus rapproché que nous percevons le premier, celui qui se produit au niveau du sol, malgré que ce soit le dernier qui ait pris naissance ; puis successivement nous entendons des bruits lointains dont le dernier entendu est le plus éloigné, c'est-à-dire celui qui a pris naissance le premier ; ces bruits sont accompagnés de roulements dus aux échos ou répercussions contre les nuages ; si le nuage est rapproché de la Terre au moment de la décharge, on n'entend qu'un bruit sec, unique, sans roulement.

ORIENTATION DE L'AIGUILLE AIMANTÉE

Un phénomène troublant entre tous est celui de l'orientation d'un barreau ou d'une aiguille aimantés, toujours dans la même direction de l'espace, direction qui est à peu près celle de l'axe terrestre nord-sud ; si on veut bien nous prêter quelque attention, nous pensons faire ressortir que cette orientation mystérieuse est de nature purement mécanique comme tous les phénomènes physiques en général, et ceux de l'électricité et du magnétisme en particulier.

Certains physiciens, pour expliquer l'orientation de l'aiguille aimantée, ont imaginé que la Terre renfermait vers l'un de ses pôles un vaste aimant. S'il en était ainsi il y aurait attraction de l'aiguille aimantée ; or le phénomène se borne à une simple orientation, comme on peut s'en assurer en plaçant une aiguille aimantée sur une rondelle de liège à la surface d'une nappe d'eau, l'aiguille s'oriente sans s'avancer dans aucun sens.

Les courants électriques terrestres que l'on a invoqués également ne sont pas davantage compréhensibles pour des esprits avides de clarté, car on ne sait pas en quoi consistent les courants électriques.

Avant d'aborder l'explication de l'orientation de l'aiguille aimantée, il est nécessaire d'examiner le cas du gyroscope.

Gyroscope. — Tout le monde a vu fonctionner sur les places publiques et beaucoup même possèdent une toupie dite gyroscope, laquelle réduite à sa plus simple expression consiste en un disque de métal A monté sur un axe ; en imprimant à ce disque une rotation rapide, si la rotation dure suffisamment longtemps l'axe du disque vient s'orienter dans la direction de l'axe terrestre ; l'expérience réussit toujours dans un cabinet de physique où la rotation du gyroscope est entretenue par un mécanisme.

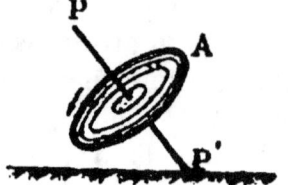

Tout d'abord cette orientation du gyroscope paraît mystérieuse et même inexplicable et elle reste telle pour les observateurs superficiels, ceux qui ne recherchent pas le pourquoi des choses ; mais le mystère cesse lorsqu'on prend la peine de réfléchir et d'analyser le phénomène en suivant une idée directrice.

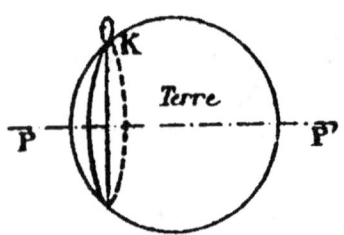

La Terre tourne autour de la ligne des pôles P, P', en un point quelconque de sa surface, K se trouve notre gyroscope. La Terre, dans son mouvement de rotation diurne, entraîne le gyroscope qui décrit ainsi un cercle en vingt-quatre heures dans l'espace.

Transportons ces conditions en une expérience d'atelier mécanique, dans cet atelier avisons un volant Q tournant à grande vitesse, ce sera la représentation du cercle terrestre K décrit en vingt-quatre heures autour de l'axe terrestre ou ligne des pôles P, P'. En un point de la périphérie du volant fixons un petit volant V pouvant s'orienter verticalement en tous sens,

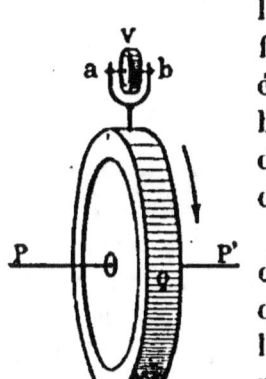

le dispositif en est simple. Sur une tige fixée normalement au volant s'adapte un étrier pouvant tourner en tous sens ; une broche horizontale *ab* traverse les branches de l'étrier et cette broche constitue l'axe d'un petit volant V.

Imprimons au petit volant une vitesse de rotation rapide dans une orientation quelconque, puis imprimons au grand volant un mouvement de rotation également rapide ; le plan de rotation du petit volant se rapprochera de plus en plus du plan de rotation du grand volant jusqu'à venir coïncider avec lui en tournant dans le même sens, les axes étant parallèles par conséquent ; la simple raison, avant toute expérience, laissait prévoir ce résultat.

Scientifiquement parlant, nous dirons que le petit volant considéré seul, étant animé dans l'espace de deux mouvements l'un de rotation, l'autre de révolution dans des plans différents V, Q, tendra à tourner suivant une direction résultante R, mais la direction Q ne variant pas, tandis que la direction V est variable, la résultante finira par venir coïncider avec Q avec rotation dans le même sens.

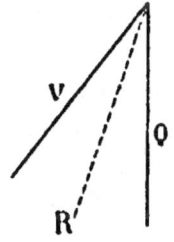

Le gyroscope tournant sur la Terre s'oriente par le même processus ; son plateau vient tourner dans le plan du volant, autrement dit dans le plan du cercle de rotation terrestre et dans le même sens ; en un mot l'axe du gyroscope s'oriente parallèlement à l'axe de la Terre. On utilise dans les navires des gyroscopes en guise de boussole ; un gyroscope donne la direction nord-sud exactement.

MÉCANISME DE L'ORIENTATION DE L'AIGUILLE AIMANTÉE

Dès à présent le problème de la boussole apparaît plus simple. Nous avons établi que dans un barreau aimanté les molécules sont orientées dans le sens de la longueur ; or chaque molécule est un petit gyroscope puisqu'elle tourne très rapidement sur elle-même, par suite elle tend à s'orienter parallèlement à l'axe terrestre ; toutes les molécules tournant dans le même sens s'orienteront de même et par suite le barreau tout entier s'il est suspendu à son centre, prendra la direction de la ligne des pôles, telle est la cause simple de l'orientation de l'aiguille aimantée. Quelques mots ont suffi à l'exposer. **L'orientation de l'aiguille aimantée est donc une conséquence de la rotation de la Terre.**

Dans le numéro de la **Revue scientifique** de juillet 1913, M. Arthur Shuster, secrétaire de la Société royale de Londres, se demandait s'il n'y a pas une relation entre le magnétisme de la Terre et sa rotation. « Il est possible, dit-il, que les phéno- « mènes soient plutôt de nature moléculaire que de nature « électrique. » C'est bien là notre opinion, d'autant plus que la nature électrique est bien moléculaire.

Mais, pourra-t-on objecter, l'aiguille aimantée ne se dirige pas exactement suivant la ligne des pôles ; cela est vrai, mais s'explique aisément : la molécule est dissymétrique, en forme d'hélice par conséquent. Or, considérons une hélice, une vis d'Archimède, un tire-bouchon ; nous voyons que les parties de l'hélice ne peuvent pas coïncider avec les cercles de rotation terrestres, elles sont gauches par rapport à lui ; par conséquent l'axe de la molécule PP' qui est l'axe du tire-bouchon sera biais par rapport à l'axe terrestre CD, ce biais est la conséquence de la dissymétrie de la molécule ; l'axe magnétique ferait, d'après Mascart, un angle de 15° avec l'axe ter-restre.

Mais il existe un autre phénomène subsidiaire. En chaque lieu, la direction de l'aiguille aimantée subit des varia-tions séculaires ; en 1671, à Paris, l'inclinaison de l'aiguille

aimantée était de 75° sur l'horizon; en 1829 elle était de 67° 41·,
La déclinaison était en 1580 de 11° 30' est; en 1663, elle était
nulle et en 1825 de 22° 22' ouest. Ces variations séculaires
feraient décrire, d'après Mascart, à l'axe magnétique un cône
de 30° environ autour de l'axe terrestre en 800 ans. Ce cône
de 30° implique une inclinaison de 15° sur l'axe terrestre.

Il y aurait là un effet de précession analogue à celui qui se
produit pour la Terre ; l'axe de la Terre est incliné de 23° 27'
sur l'axe de l'écliptique ou orbite décrite par la Terre autour du
Soleil ; mais pas plus que l'axe magnétique, l'axe de la Terre
n'est invariable dans l'espace, il décrit en près de vingt-six mille
ans un cône autour de l'axe de l'écliptique en maintenant toujours sa même inclinaison; cela est dû au renflement équatorial,
lequel se présente toujours de biais au Soleil, ce dernier exerçant sur le bourrelet équatorial une attraction oblique, tend
à faire chavirer la Terre, et c'est cette tendance au chavire-
ment qui produit la précession des équinoxes. De prime abord
la ressemblance avec le cas de l'axe magnétique est frappante,
ce dernier fait avec l'axe terrestre un angle d'environ 15°; et il
décrit lui aussi un cône autour de l'axe terrestre en 800 ans.

Il a fallu arriver à Newton pour trouver la cause de la précession des équinoxes, et à d'Alembert pour en faire la preuve
par le calcul ; il surgira sans doute un jour un nouveau Newton
et un nouveau d'Alembert qui trouveront de même la cause de
la précession de l'axe magnétique.

L'orientation de l'aiguille aimantée se produirait alors même
que les molécules ne seraient pas dissymétriques, leur mouvement de rotation suffirait à provoquer leur orientation comme
cela se produit dans le gyroscope; mais dans l'aiguille aimantée, les molécules sont dissymétriques, et c'est cette dissymétrie qui est la cause des lignes de force, lesquelles viennent
compliquer le phénomène de l'orientation. Les lignes de force
magnétiques sont en effet influencées par les lignes de force
orageuses, le voisinage de masses de fer, etc. ; l'aiguille aimantée
subit de ce chef des variations diurnes, des perturbations en
temps d'orage, etc. ; or ces phénomènes n'ont rien à voir avec
celui de l'orientation terrestre, ils viennent au contraire le
masquer.

Tout corps tournant rapidement sur terre et libre de se mouvoir en tous sens s'oriente dans la direction de l'axe terrestre, c'est pour ce motif que les outils de fer suspendus dans les ateliers s'aimantent; s'ils sont verticaux l'aimantation est oblique, les molécules se placent dans la direction de l'axe magnétique; si l'outil est placé dans cette direction de l'axe magnétique il s'aimante dans sa longueur. L'aimantation est facilitée si on frappe de temps en temps l'outil de légers coups, cela détermine la disposition des molécules; de même après le changement de direction de l'outil, de légers coups font disparaître l'aimantation.

C'est par ce processus que la magnétite de fer s'aimante au sein de la Terre; toutes ces aimantations ont une cause mécanique.

GRAVITATION. — ATTRACTION UNIVERSELLE

CONSIDÉRATIONS PRÉLIMINAIRES

Encore plus troublante que l'orientation de l'aiguille aimantée se présente la gravitation, cette énergie tranquille sans cesse agissante qui s'exerce entre tous les corps de l'univers, aussi bien entre le Terre et le Soleil qu'entre la Terre et les corps qui se trouvent à sa surface, car la pesanteur n'est qu'un cas particulier de la gravitation.

Arago se demandait si la gravitation est une simple propriété de la matière, ou bien si elle a une cause physique ; mais qu'est-ce qu'une propriété de la matière ? et ces propriétés n'ont-elles pas toutes une cause physique ?

De son côté Laplace se demandait si la gravitation n'est pas une loi primordiale de la nature, semblant ainsi admettre que les lois naturelles sont en dehors et au-dessus de notre raison. Pour nous la gravitation, comme tous les phénomènes naturels ou provoqués, a une cause non seulement physique mais mécanique.

Jusqu'à présent une seule explication de la gravitation a été fournie, celle de Lesage qui supposait que les corps célestes sont frappés par derrière par des corpuscules parcourant l'espace et qu'il appelait ultra-mondains ; les corps célestes se faisant écran ne pouvaient être frappés que par derrière, ce qui tendait à les rapprocher, on ne pouvait imaginer, en effet, qu'un corps pût tirer à lui un autre corps !

Bien que certains savants et certains penseurs, parmi lesquels Auguste Comte, déclarent que la recherche de la cause de la gravitation ne puisse être le fait que d'un ignorant ou d'un esprit superficiel, nous aurons la témérité grande d'envisager le problème, et les lecteurs qui jusqu'ici auront, je l'espère, reconnu la lucidité de nos explications voudront bien nous continuer leur attention.

S'il est téméraire d'aborder certaines questions jusqu'ici irrésolues, il l'est bien davantage de vouloir fixer des bornes à nos connaissances. L'humanité n'est encore qu'à son aurore, comme l'indique la paléontologie ; la civilisation compte à peine quelques milliers d'années et nous ne connaissons même pas encore complètement notre planète, or l'homme est destiné sans doute à durer des millions d'années ; par ce qui s'est accompli jusqu'ici, surtout depuis un siècle, quelle folle imagination pourrait avoir même idée de ce que sera l'humanité à ces époques éloignées.

Considérons une gouttelette de liquide reposant sur une surface horizontale qu'elle ne mouille pas, de façon à supprimer le phénomène de la capillarité, et pour plus de précision considérons une gouttelette de mercure reposant sur une table de marbre ; cette gouttelette prendra la forme sphérique. Coupons le globule en deux parties, chacune d'elles prendra à son tour et instantanément la même forme ; cela montre que, en dehors de toute sollicitation étrangère, les molécules abandonnées à leurs seules influences mutuelles s'orientent vers le centre. Ce centre d'orientation, ce point d'application des actions moléculaires est naturellement abaissé lorsque les molécules sont soumises à l'action de la pesanteur, ce centre ainsi abaissé est le centre de gravité.

Si pour une gouttelette liquide l'orientation des molécules est manifeste elle ne l'est pas pour un fragment de corps solide, cette orientation doit cependant exister encore ici et le centre de gravité n'y est encore que le centre d'application des actions mutuelles des molécules, abaissé par la pesanteur, seulement ici les molécules ne pouvant se déplacer le corps conserve sa forme; seule leur orientation change.

La cause de la sphéricité de la gouttelette de mercure est la même que la cause de la sphéricité de la Terre et de tous les corps célestes, dont la matière s'est agglomérée en dehors de toute sollicitation autre que la sollicitation réciproque des molécules. « **La même mécanique qui gouverne les astres, dit le « P. Secchi, gouverne les atomes.** »

Dans son système du monde, Laplace avait avancé la même idée : « **La grandeur et l'importance du système solaire ne « doivent point, disait-il, le faire excepter de la loi générale, « car elles sont relatives à notre petitesse.** »

PROCESSUS DE LA FORME SPHÉRIQUE
DE LA MATIÈRE ISOLÉE

Ce que nous venons de dire de la forme globulaire n'est que constatation. Mais n'y a-t-il pas à cette forme une cause physique ? Pourquoi un fragment de mercure abandonné à lui-même prend-il la forme sphérique ? Et pourquoi aussi les corps célestes ? Il y a bien là sans doute, en dehors des motifs de simple raison, des nécessités dynamiques. Ces nécessités quelles sont-elles ?

Le problème se pose ainsi : **pourquoi une grande quantité de particules matérielles livrées à leurs seules actions mutuelles s'assemblent-elles en forme sphérique?** Je commencerai par envisager le cas de molécules gazeuses, et tout d'abord analysons ce qui se passe dans un récipient contenant de l'air à la pression atmosphérique.

La théorie cinétique des gaz qui rend compte de toutes leurs propriétés par le seul mouvement de propulsion de leurs molécules, explique la pression contre les parois d'un récipient par le choc des molécules. Pression atmosphérique signifie que le choc des molécules contenues dans le récipient contre-balance simplement le choc des molécules extérieures. Analysons de plus près le phénomène.

Dans le récipient il y a des milliards de milliards de molécules animées d'une vitesse moyenne qui est de 485 mètres pour les molécules d'air, de 1.844 mètres pour les molécules d'hydrogène, etc. Les molécules se heurtent en moyenne cinq milliards de fois par seconde ; ce sont là de simples moyennes, car certaines molécules ont des vitesses très inférieures, d'autres des vitesses très supérieures; en outre, le nombre des chocs est très différent pour chaque molécule, il semble donc que la pression devrait varier à tout instant ; or il n'en est rien, cette pression est toujours la même ; la moyenne se retrouve à chaque instant pareille ; c'est, dit-on, en vertu de **la loi des grands nombres ;**

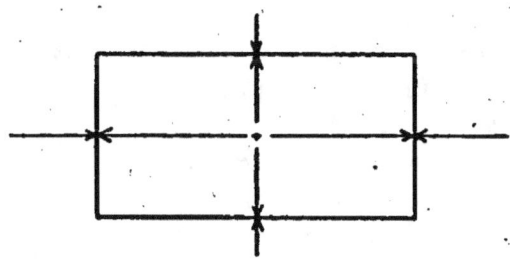

on aperçoit aisément que cette loi ne constitue pas une démonstration, elle consacre tout simplement un principe de raison. C'est une simple constatation ; et, en effet, on retrouve ces mêmes résultats chaque fois qu'on se trouve en face de très grands nombres.

Si on mélange par parties égales de l'alcool et de l'eau et qu'on agite pendant longtemps le mélange, il deviendra parfaitement homogène et en quelque point qu'on puise du liquide, ce dernier renfermera autant d'alcool que d'eau ; si nous versons seulement un litre d'alcool contre 100 litres d'eau, en tous points du mélange nous retrouverons exactement 1 contre 100. Nous trouvons ce résultat tout naturel, il nous le paraîtra moins dans le cas suivant. Si on verse dans un tonneau un nombre égal et très grand de billes blanches et de billes noires, après un brassage prolongé si on prélève un litre de billes en un point quelconque, il s'y rencontrera autant de billes blanches que de billes noires. Ce n'est là qu'une variante du cas des deux liquides mélangés, mais déjà le résultat nous paraît plus surprenant ; il le paraîtra davantage encore si au lieu de billes noires et de billes blanches nous opérons avec des billes portant la suite des numéros ; si on procède à un brassage longtemps prolongé, il sortira dans un tirage autant de numéros pairs que de numéros impairs, c'est toujours une conséquence de la loi des grands nombres.

Revenons maintenant à nos molécules soustraites à toute action extérieure, et tout d'abord considérons une bulle de savon gonflée avec de l'air ; cette bulle, nous le savons, consiste en une membrane liquide enveloppant de l'air. C'est le cas déjà examiné de molécules d'air enfermées dans un récipient ; mais ici c'est le gaz lui-même qui crée et donne sa forme au récipient qui le contient.

Dans notre bulle de savon, il y a, comme dans le récipient de tout à l'heure, des milliards de milliards de molécules d'air animées de vitesses moyennes de 485 mètres, et éprouvant cinq milliards de chocs par seconde. Un point quelconque de la membrane reçoit des chocs dans toutes les directions ; ces chocs sont plus ou moins nombreux, ils sont plus ou moins énergiques, ils sont 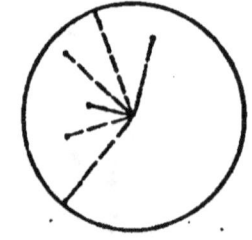 plus ou moins obliques, cependant en tout point et à tout instant la valeur des chocs est la même et la résultante est partout normale à la surface ; la conséquence en est que l'enveloppe doit être de forme sphérique et que le point d'application de toutes les résultantes est le centre de la sphère.

Dans un globule de mercure, si le processus diffère, comme il s'agit toujours d'actions mutuelles entre les molécules et que le

nombre de ces dernières est immense, c'est encore la loi des
grands nombres qui intervient, et quand je dis loi cela ne signifie pas, je le répète, qu'il existe ou que j'admette un principe
extra-naturel qui gouvernerait quoi que ce soit dans l'univers;
bien au contraire.

EXPLICATION DE LA GRAVITATION

La cause qui fait qu'un globule de mercure est toujours
sphérique, est assurément la même qui a fait sphériques la
Terre et les corps célestes.

Dans le globule de mercure il apparaît nettement que les
molécules sont orientées vers le centre ; sur la Terre l'orientation paraît également manifeste ; tout corps suspendu a sa
surface, tout grave dans sa chute tendent vers le centre terrestre, il en est certainement de même des molécules qui forment
la Terre.

En se dirigeant vers le centre, ces molécules forment des
rangées linéaires qui émettent des lignes de force à la manière
des aimants et des diélectriques, c'est-à-dire sans émission de
courant.

De même que les lignes de force électriques ou magnétiques,

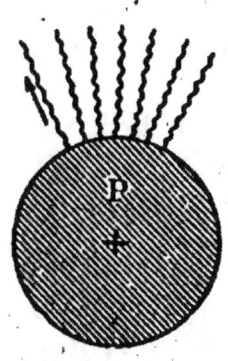

les lignes de force gravifiques tendront à
orienter dans leur sens toutes les molécules qu'elles rencontreront dans l'espace, et leur énergie sera d'autant plus
grande que les files de molécules agissantes seront plus longues, c'est-à-dire
que le corps attirant sera plus considérable ; ainsi les lignes de force du Soleil
seront plus puissantes que celles de la
Terre, et celles-ci le seront infiniment
plus que celles d'un globule de mercure.

C'est là toute l'explication de la gravitation; le reste n'est
que conséquences. La Terre est entourée de lignes de force
comme d'une auréole ; ces lignes de force en forme de tire-

bouchons se prolongent indéfiniment dans l'espace ; tant qu'elles ne rencontrent aucune matière elles tournent à vide des trillions de fois par seconde, mais dès qu'elles rencontrent un corps, la Lune par exemple, ces lignes de force se vissent dans lui, et il en est de la Terre comme d'une pieuvre dont les tentacules s'agitant dans le vide rencontrent enfin une proie, elles l'attirent.

Le processus de la liaison est le suivant, identique d'ailleurs à celui des attractions électriques et magnétiques : les lignes de force terrestres orientent les molécules lunaires qu'elles rencontrent, et les tire-bouchons tournant avec une excessive rapidité attirent la Lune ; mais, par réaction, la Terre est elle-même attirée vers la Lune, la Terre et la Lune sont devenues solidaires.

De son côté la Lune agit de même façon vis-à-vis de la Terre, de sorte que la solidarité s'établit doublement.

C'est naturellement le corps le plus puissant qui attire avec le plus d'énergie, la faculté attirante porte le nom de **masse ;** le Soleil à une masse 354.936 fois plus forte que la Terre parce que sa puissance d'attraction ou ses effets attractifs sont 354.936 fois plus considérables. La masse de la Lune, au contraire, n'est que le $\frac{1}{88}$ de celle de la terre.

La **masse** n'implique rien quant à la quantité de matière ou à l'état de cette matière, lequel peut être solide, liquide ou gazeux ; c'est seulement par l'intensité comparée des effets attractifs que l'on mesure la masse des corps célestes.

Voilà donc en présence la Terre et la Lune qui s'attirent. On constate tout d'abord une chose étrange, une chose qui paraît contraire à toute raison ; la raison en effet semble indiquer que plus le corps attiré est puissant, et plus il offrira de résistance ; or c'est là une erreur. On constate que la Lune est attirée par la Terre comme le serait un vulgaire caillou situé à la même distance ; le caillou tomberait sur la Terre de $0^m,00101$ dans une seconde, et c'est exactement de cette quantité que tombe la Lune sur la Terre dans le même temps ; c'est précisément par cet exemple que l'immortel Newton a reconnu que la pesanteur et la gravitation étaient même chose. Ce paradoxe

Galilée l'avait connu avant Newton, et il avait en vain cherché à le faire comprendre par ses contemporains.

Du temps de Galilée, tout le monde croyait, et les savants eux-mêmes, que les corps tombaient avec des vitesses différentes suivant leurs poids. Ainsi un poids de 1 kilogramme devait tomber plus vite qu'une petite balle de plomb où qu'un fétu de paille ; or Galilée voulant prouver aux académiciens de Florence que les corps tombaient avec la même vitesse, dans le vide bien entendu, fit devant eux l'expérience suivante : du haut de la tour penchée de Pise il laissa tomber en même temps dans un tube vertical, préalablement vidé d'air pour supprimer toute résistance, une petite balle de plomb et un gros boulet ; les deux corps touchèrent le sol au même instant. Malgré cette preuve, les académiciens de Florence persistèrent dans leur opinion en se retranchant derrière l'autorité d'Aristote.

Combien de personnes, aujourd'hui encore, ne sont pas surprises de cette égalité de chute pour des corps si inégalement pesants, et combien peuvent croire qu'un duvet tombe aussi vite qu'un boulet de canon, et que ce même duvet et ce même boulet suspendus à un même fil donnent des oscillations de même durée, dans le vide bien entendu.

L'attraction d'un corps céleste L par un autre corps céleste T dépend donc de la seule masse du corps attirant T et nullement de celle du corps attiré L, et la vitesse d'attraction du corps attiré est toujours la même quelle que soit sa masse, Lune, boulet ou fétu de paille.

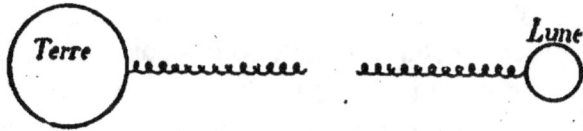

Ce résultat paradoxal s'éclaire lorsqu'on l'analyse à l'aide de la simple raison. Si, entre le corps T et le corps L, il n'existait qu'une seule liaison, un cordon par exemple, l'attraction serait réciproque et proportionnelle aux deux masses en regard ; mais entre T et L existent une multitude de lignes de force attirantes.

Imaginons que le corps L soit divisé en une infinité de petits corps indépendants, chacun d'eux sera attiré isolément par la Terre et cependant le résultat final sera le même que lorsque les fragments L étaient agglomérés, et déjà nous saisissons mieux la vraisemblance du phénomène ; en réalité l'attraction de T s'exerce sur chaque molécule du corps L. Le **corps attirant agit par sa masse,** mais **l'attraction est** moléculaire sur le corps attiré et par conséquent **indépendante de la masse du corps attiré.**

Si maintenant nous envisageons la Lune comme corps attirant, elle attirera à son tour la Terre en raison de sa propre masse et la Terre malgré son importance sera attirée par la Lune comme le serait un simple caillou.

La Terre et la Lune finiraient par tomber l'une sur l'autre, si préalablement à l'attraction, ces corps n'avaient possédé une vitesse de translation ; grâce à ce mouvement de translation l'attraction s'est muée en mouvement de révolution. Mais ce mouvement de translation lui-même d'où provient-il et précisément dans la mesure qui convient à la distance de chaque planète ou de chaque satellite? Il serait fort difficile de répondre à cette question en dehors de l'hypothèse de Laplace; avec cette hypothèse, au contraire, tous ces mouvements s'expliquent et s'enchaînent naturellement. Si les planètes venaient à s'arrêter elles tomberaient immédiatement sur le Soleil.

LOIS DE LA GRAVITATION

Ce simple exposé du mécanisme de la gravitation rend bien compte des lois de l'attraction universelle, à savoir que :

1° Les **attractions sont proportionnelles aux masses.** Ce serait là presque une tautologie puisque c'est précisément par l'importance des attractions que se mesurent les masses; mais la masse d'un corps évaluée dans un cas doit se retrouver la même dans tous les autres cas ;

2° Les **attractions s'exercent en raison inverse du carré des distances.** La Terre attire la Lune; si la Lune était à une distance double elle serait attirée quatre fois moins, c'est là une conséquence géométrique des conditions du problème.

La Terre émettant autour d'elle des lignes de force, à une
distance R sa puissance attractive se répartit sur une surface
sphérique de rayon R ; à une distance double, la même puissance attractive se disperse sur une surface sphérique de rayon
2R, c'est-à-dire sur une surface quatre fois plus considérable,
car les surfaces sphériques sont entre elles comme le carré
des rayons qui ici sont les distances; un corps transporté
de L en L', à une distance double, sera donc attiré avec une
énergie quatre fois moindre. On peut faire la même démons-

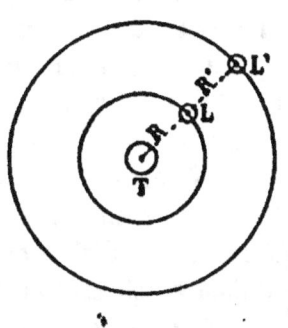

tration directement : la Terre émettant des lignes de force gravifiques
en tous sens, un faisceau ayant pour
sommet le centre de la Terre vient
embrasser la Lune L; à une distance
double, le même faisceau embrasserait
une surface quatre fois plus considérable. C'est encore là un problème de
géométrie. Donc la Lune transportée à
une distance double recevrait quatre
fois moins de lignes de force; elle serait par suite attirée
quatre fois moins. C'est exactement par le même processus
que l'on peut démontrer l'affaiblissement des lignes de force
électriques et magnétiques suivant le carré des distances.

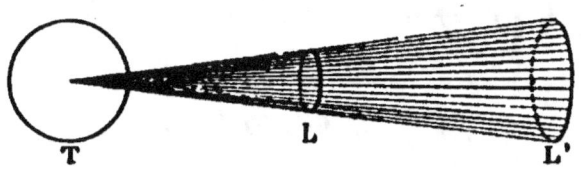

Les lois de la gravitation comme toutes les lois physiques ne
sont autre chose que les conséquences d'une cause, laquelle
est toujours d'ordre mécanique et presque toujours simple
malgré la complexité des effets ; c'est ainsi que les lois de
Kepler, qui du temps de cet astronome n'étaient que des lois
d'observation, dérivent de la loi newtonienne du carré des distances, laquelle, nous venions de le démontrer, est elle-même
une simple loi de raison.

La faculté d'attirer et celle d'être attiré résultent d'une même cause, à savoir la dissymétrie de la molécule. Ces deux facultés sont en effet solidaires. Un corps composé de molécules ou atomes sphériques, si tant est qu'un pareil corps puisse exister, n'attirerait pas et ne serait pas attiré. C'est peut-être là le cas de l'atome d'éther ; on conçoit qu'un pareil atome, quoique dépourvu de la faculté gravitative, puisse néanmoins être doué d'inertie, c'est-à-dire opposer une résistance.

En dehors de l'éther, tous les corps que nous connaissons obéissent à la gravitation, ils attirent et ils sont attirés ; une pierre qui tombe est attirée par la Terre ; mais par réaction cette pierre attire elle aussi la Terre ; ces objets qui sont là sur ma table, cet encrier, ce livre, ce presse-papier, etc., s'attirent mutuellement, ils sont donc entourés de lignes de force gravifiques semblables à celles qu'émettent tous les corps célestes. Ce qui fait que l'attraction qui s'exerce entre eux est insensible ; c'est le peu d'énergie de leurs lignes de force. Cavendish a cependant réussi par des expériences d'une délicatesse extrême à mesurer l'attraction qui s'exerce entre deux sphères métalliques.

Nous avons reconnu que les attractions électriques et magnétiques, lorsqu'elles étaient contrariées, donnaient naissance à des phénomènes d'influence ; il en est de même de l'attraction gravifique ; les marées ne sont autre chose que des effets d'influence de la Lune sur la Terre.

SUGGESTION

On a remarqué que j'ai attribué la même cause et le même processus aux attractions magnétiques, électriques et gravifiques, elles s'exercent toutes par le moyen de lignes de force ou tire-bouchons d'éther tournant sur eux-mêmes avec une excessive rapidité. Mais, outre l'attraction, nous avons vu plus haut qu'entre corps électrisés ou aimantés ou entre ces derniers et des corps neutres, il se produit des phénomènes d'influence.

Lorsqu'on a examiné et approfondi la genèse de l'influence, on ne peut s'empêcher de lui comparer ou même de lui identifier le phénomène de la suggestion, où de l'influence de cerveau à cerveau.

Lorsqu'on approche un barreau d'acier aimanté d'un morceau de fer doux, les lignes de force de l'aimant influencent le fer doux; lorsqu'on éloigne ou qu'on approche l'aimant ou qu'on modifie simplement son aimantation, ces diverses modalités se reflètent dans le fer doux ; il s'exerce une véritable suggestion de l'aimant vis-à-vis du fer et cette suggestion est d'une délicatesse extrême, comme il se voit dans le téléphone où la moindre modification de l'électro-aimant de départ se reproduit dans l'électro-aimant d'arrivée.

Le mécanisme de l'influence est celui-ci : dans le corps influent il existe des molécules orientées qui vont au loin orienter les molécules d'un autre corps en accord avec lui.

Dans l'hypnotisme ou suggestion, ne peut-on supposer un processus analogue ou même identique? Dans le cerveau humain la volonté parvient à orienter des cellules dans une direction déterminée, vers un autre cerveau par exemple ; or supposons que les cellules du cerveau soient dissymétriques, cette hypothèse n'a rien d'invraisemblable puisque précisément Pasteur a démontré la dissymétrie des molécules organiques ; grâce à leur forme dissymétrique, les cellules orientées du cerveau influent tournant rapidement sur elles-mêmes, donneront naissance à des lignes de force d'éther en forme de tire-bouchons, lesquelles allant rencontrer au loin des cellules semblables d'un autre cerveau les orienteront dans leur sens en leur communiquant leur énergie, et voilà l'influence établie.

Le cerveau influent remplira le rôle de l'aimant, le cerveau influencé remplira celui du fer doux, c'est-à-dire que ses cellules devront être indifférentes, en un mot le cerveau à influencer devra être sous la dépendance du cerveau influent comme le fer doux est sous la dépendance de l'aimant, on voit d'ici les conséquences.

Lorsque le cerveau influent pense quelque chose, il est naturel de supposer que ses cellules prennent une disposition particulière, à chaque pensée doit correspondre un arrangement

différent ; si l'hypnotiseur ou le cerveau influent pense énergiquement qu'il a froid, la disposition cellulaire correspondante
se reproduira fidèlement chez l'hypnotisé qui éprouvera la sensation de froid. Si le cerveau influent pense j'ai grand froid,
l'arrangement cellulaire sera légèrement différent, mais tout
se bornera chez l'influencé à un arrangement de cellules cérébrales, il sera quant à lui inconscient, ses cellules seront sous la
dépendance du cerveau influent qui pensera pour lui et s'il lui
ordonne d'aller se jeter à l'eau le sujet le fera sans hésitation,
son seul rôle sera de maintenir la vie organique de ses cellules.

Après la suggestion, le cerveau suggestionné ne conservera
le souvenir de rien, non plus que le fer doux après la disparition
de l'aimant influent. Dans certains cas, cependant, l'hypnose
n'est pas nécessaire et la suggestion peut se produire à l'état de
veille et en pleine conscience, à la condition que l'accord entre
l'influent et l'influencé soit parfait comme il arrive entre un
hypnotiseur et son sujet habituel.

Mais, pourra-t-on objecter, quoiqu'il y ait influence d'aimant à fer doux, il y a néanmoins attraction ; or nous ne voyons
nulle attraction chez un hypnotisé. C'est une erreur, il y a bien
attraction de l'hypnotiseur sur le sujet, la preuve en est que
pour reconnaître si une personne est hypnotisable, l'opérateur
essaie des attractions sur le dos du sujet, et si celui-ci est dans
les conditions requises il est attiré et a tendance à tomber.

Notre genèse de l'influence hypnotique ou suggestive nous
ouvre sur le mécanisme de la pensée des aperçus nouveaux ; à
savoir qu'à chaque pensée doit correspondre un arrangement
cellulaire adéquat ; inversement tout arrangement cellulaire
coordonné doit conduire à une pensée.

Lorsqu'on écoute un morceau de musique, il arrive parfois
que la pensée soit distraite et détournée vers un autre objet,
c'est qu'un arrangement cellulaire nouveau s'est produit qui a
créé une pensée nouvelle.

Cela aussi explique le rêve ; pendant le sommeil, des cellules
cérébrales prennent une certaine disposition plus ou moins
accoutumée, de là naît une pensée inconsciente si on peut ainsi
parler et même incohérente, car l'arrangement cellulaire s'est
effectué en dehors de toute direction.

Qu'on n'aille pas croire cependant que nous veuillions expliquer la pensée, nous avons indiqué simplement une des conditions matérielles que doivent remplir les cellules cérébrales, car la dépendance matérielle de la pensée est indéniable ; la pensée pour s'exercer a besoin d'un substratum matériel ; personne ne contestera que, lorsque des cellules cérébrales sont détruites ou simplement altérées, certaines facultés intellectuelles correspondantes soient abolies ou perverties, et elles ne reprennent leur intégrité que lorsque les cellules ont repris la leur. **L'intégrité des cellules est une condition de l'intelligence.**

A vrai dire, l'influence n'est qu'une suggestion ; une onde calorifique échauffant un corps éloigné agit par suggestion ; de même la Terre lorsqu'elle attire la Lune, et le diapason lorsqu'il met en vibration un diapason en accord. Le sens de l'ouïe n'est lui-même qu'un sens de suggestion, une personne parle de loin à une autre personne et celle-ci exécute aussitôt ce qui lui est commandé. Pour un sourd n'ayant aucune idée du son, ce résultat est merveilleux ; en réalité il n'y a là qu'une question d'accord, le cerveau qui écoute se met simplement à l'unisson du cerveau qui parle, si l'on peut ainsi s'exprimer ; au lieu que ce soit une ligne de force, c'est-à-dire une onde de forme particulière comme dans la suggestion proprement dite, la liaison est ici une onde sonore, mais le processus est identique.

La condition de l'influence comme celle de la suggestion est l'accord des molécules ou des cellules influentes et influencées.

Ces rapprochements scandaliseront peut-être certains esprits timorés ; mais au point où j'en suis cela ne saurait m'arrêter. Je suis d'ailleurs convaincu que les phénomènes de la vie et ceux mêmes de l'activité psychique, suivent des processus mécaniques et obéissent aux mêmes causes que les phénomènes physiques ; n'est-ce pas d'ailleurs une vue grandiose que de faire rentrer dans le même cadre le magnétisme, l'électricité, la gravitation et les phénomènes de la pensée ; mais je le répète en y insistant, il ne s'agit là que de conditions matérielles ou physiques de la pensée.

La science des ondulations est pour ainsi dire inexistante, nul doute cependant que dans leur connaissance approfondie on ne trouve l'explication d'une foule de phénomènes mystérieux paraissant se produire en dehors de toute cause ; or tous ces phénomènes ont certainement un point de départ influent souvent fort éloigné auquel ils sont reliés par des ondes.

Existe-t-il rien de plus extraordinaire sous ce rapport que la télégraphie sans fil ; voir en Amérique un petit appareil ins- crire spontanément des dépêches annonçant ce qui se passe en Europe au même instant, quoi de plus diabolique. Il y a vingt ans qui eût pu croire à un pareil prodige, et au moyen âge n'eût- on pas brûlé le sorcier auteur d'une pareille sorcellerie ; il n'y a plus là aujourd'hui qu'un simple phénomène d'influence ou de suggestion et les phénomènes de télépathie ne sont cer- tainement pas plus extraordinaires.

IMMENSITÉ DES RADIATIONS QUI PARCOURENT L'ESPACE

Qu'on veuille bien réfléchir un instant à l'innombrable quan- tité de vibrations ou ondulations qui parcourent l'espace sans se contrarier et pour la plupart même sans que nous en ayons conscience ; un point quelconque de l'espace aussi exigu soit-il est traversé par des milliards d'ondulations éthérées. Notre œil placé en ce point perçoit, en se tournant simplement, les ondes lumineuses qui proviennent de milliers d'étoiles visibles ; si cet œil est armé d'un télescope, ce sont des millions d'étoiles qui sont aperçues.

En outre, en ce même point, passent les lignes de force gravi- fiques qui émanent de tous les corps visibles ou invisibles, et ce n'est pas une seule onde qu'envoie chaque corps, ce sont des milliards, car chaque molécule envoie la sienne. L'esprit est in- capable de nombrer, ou même de concevoir une pareille im- mensité ; et toutes ces ondulations se croisent sans se contrarier ; parmi elles, nous ne percevons que les ondulations lumineuses et les ondulations calorifiques.

Les lignes de force de la gravitation ont sans doute besoin de l'éther pour se propager, au même titre que les ondes lumi- neuses, calorifiques, électriques et magnétiques, mais nous n'avons pas de sens qui nous les révèlent. L'éther est le milieu qui met en relation tous les mondes de l'univers, c'est par lui que se transmettent d'un corps à un autre la chaleur, la lumière, etc., et sans doute aussi les lignes de force gravifiques. Ce qui nous autorise à conclure à l'identité de toutes les lignes de force, c'est l'identité de leur action et celle de leur processus.

La pesanteur oriente les molécules vers le centre de la Terre; que cette orientation soit détruite, et la pesanteur le sera également; c'est ce qui a lieu en effet.

Une ligne de force électrique orientant une molécule dans son sens détruit l'effet de la pesanteur; de l'identité des effets on peut légitimement conclure à l'identité des causes, et conclure que les attractions électriques et magnétiques ne sont que des variantes ou des cas particuliers de la gravitation.

La pesanteur n'a pas pour effet une orientation absolue des molécules vers le centre de la Terre; son action se traduit par une simple composante et peut coexister avec d'autres influences.

Cela est visible si on considère un globule de mercure. Si le globule est petit il paraît sphérique; l'attraction des molécules paraît être exclusivement dirigée vers le centre; mais si le globule est plus considérable il prend une forme aplatie, et ici on aperçoit nettement l'action de la pesanteur, les molécules ne sont plus exactement dirigées vers le centre du globule, il y a une composante sensible de l'attraction terrestre; si le globule est soumis à un champ électrique il subit une nouvelle déformation, les molécules sont soumises à une troisième composante.

S'il est permis d'envisager dans un avenir lointain une communication possible de planète à planète, nous possédons déjà le milieu de transmission qui est l'éther; quant à la radiation à mettre en jeu, ce ne saurait être que la ligne de force hélicoïdale semblable aux lignes de force électriques, magnétiques et à celles de la gravitation.

Les ondes sphériques qui sont celles de la lumière s'affaiblissent, en effet, en raison du carré de la distance; les ondes polarisées dans un plan, qui sont celles de la télégraphie sans fil, s'affaiblissent en raison de la distance; seules les ondes hélicoïdales ou lignes de force ne s'affaiblissent pas avec la distance. On peut donc concevoir que des lignes de force bien dirigées puissent atteindre un corps de l'espace, la Lune par exemple, et y provoquer des effets rythmés, constituant un langage conventionnel ; ce langage n'aurait plus qu'à être interprété.

Est-ce là une utopie ? N'oublions pas que l'utopie d'hier est devenue la vérité d'aujourd'hui et que la chimère d'aujourd'hui peut être la réalité de demain.

Depuis cent ans combien d'utopies ne se sont-elles pas réalisées, d'abord la télégraphie électrique, puis le téléphone, le phonographe et enfin la télégraphie sans fil, et qui oserait affirmer que nous sommes au bout de nos surprises et que d'autres utopies ne sont pas sur le point de se réaliser. Dans toutes ces transmissions c'est le milieu éther qui fournit l'onde de liaison.

POURQUOI UN CORPS EN ROTATION RAPIDE PARAIT-IL DÉFIER LA PESANTEUR

Je ne saurais clore ce chapitre sur la gravitation sans tenter l'explication d'un phénomène qui a souvent retenu mon attention et sans doute aussi celle de nombreux lecteurs, parce qu'il paraît être en désaccord sinon en contradiction avec les phénomènes que nous voyons journellement se produire sous nos yeux ; cette anomalie nous est offerte par le gyroscope qui nous a déjà si utilement servi.

La toupie gyroscope est mise en rotation rapide, puis son pied est placé sur un support élevé ; la toupie commence d'abord à tourner verticalement, puis son axe s'incline ; il s'incline de plus en plus et finit par prendre une direction inclinée au-dessous de l'horizon, la toupie tourne la tête en bas pour ainsi dire, sans tomber.

L'esprit reste surpris de cette position anormale qui est particulière aux seuls corps en rotation rapide. Avant d'aborder le cas du gyroscope, considérons quelques cas plus simples et tout d'abord celui de la roue du charron.

Tout le monde a vu rouler une roue lancée par un charron ; cette roue s'avance en titubant, c'est-à-dire en s'inclinant tantôt à droite, tantôt à gauche, et elle ne tombe que lorsque

sa vitesse s'est suffisamment affaiblie. On saisit ici clairement le processus du phénomène, lorsque la roue est inclinée à gauche elle tend à tomber à gauche, mais si la vitesse de roulement est suffisante, avant que la chute ait pu se produire, la roue s'incline à droite et c'est de ce côté alors que se prépare la chute ; mais cette dernière ne se produira que lorsque la roue restera suffisamment longtemps inclinée à droite ou à gauche, c'est-à-dire lorsque la vitesse de roulement se sera suffisamment ralentie.

C'est de la même façon que roule le cerceau d'un enfant, et aussi la toupie qui tourne, l'axe incliné sur la verticale, la chute ne peut se produire que lorsque la vitesse de rotation est suffi-

samment affaiblie. C'est ce même processus qui empêche la chute du disque du gyroscope.

Considérons le gyroscope dans deux positions, dans l'une il tourne l'axe très peu incliné sur la verticale, c'est une véritable toupie ; le disque tend à tomber à droite, mais aussitôt le point D qui était sollicité à tomber passe en un autre point ; il en est de même dans la position très inclinée, la chute ne se produira que lorsque chaque point restera suffisamment longtemps en place pour que la pesanteur ait le temps de produire sur lui son plein effet.

On met à profit dans de nombreuses circonstances cette propriété des corps en rotation rapide ; en rayant hélicoïdalement par exemple les armes à feu, canons, fusils, revolvers, le projectile étant lancé animé d'un mouvement de rotation, chacun de ses points tournant rapidement dans l'espace, les conditions de projection sont égalisées en tous sens, et le projectile conserve sa direction de lancement.

De même sur les navires à gyroscope, ce dernier maintient l'équilibre en détruisant toute cause de perturbation parasitaire ou plus exactement en répartissant uniformément ces perturbations.

Par application de ces propriétés d'équilibration, un inventeur installa jadis à l'exposition anglo-japonaise de Londres un chemin de fer mono-rail. Une voiture pourvue d'un gyroscope roulait sur un rail unique en maintenant son équilibre ; des détails ont empêché la réussite de ce système au point de vue de l'exploitation, mais le principe est resté sauf et continue à faire l'objet de nouvelles recherches de divers côtés.

COHÉSION. — AFFINITÉ. — ÉLECTROLYSE

COHÉSION

Puisque j'ai déjà dépassé de beaucoup le cadre que je m'étais fixé pour le présent ouvrage, je croirais manquer à mon devoir si je ne jetais un coup d'œil sur la cohésion et sur l'affinité ; ce sont là deux propriétés attractives de la matière dont nul n'a encore pénétré ni même soupçonné le secret, ce secret je vais l'aborder, et si la cause que je vais exposer n'est pas la vérité, elle en aura du moins toutes les apparences et toute la rigueur.

Mais auparavant, comme il ne sera ici question que d'atomes et de molécules, je crois devoir exposer en quelques lignes ce que sont ces particules ultimes de la matière.

L'atome est la plus petite partie connue ou plutôt supposée d'une matière simple ; ainsi le cuivre est composé d'atomes de cuivre. Dans les matières composées au contraire, telles que le minium, la particule ultime est également composée ; elle est formée de plomb et d'oxygène unis par l'**affinité,** ces molécules sont ensuite unies entre elles par la **cohésion.**

L'affinité au lieu de s'exercer entre atomes peut s'exercer entre molécules, et de la même façon ; ainsi la molécule de sulfate de sodium est formée par des molécules d'acide sulfurique unies par l'affinité à des molécules de soude.

En traitant de la cohésion et de l'affinité, nous emploierons indifféremment les expressions d'atome et de molécule, rien n'en sera changé dans l'allure des phénomènes.

La cause que j'attribue à la cohésion et à l'affinité est la même que celle attribuée aux autres attractions, à savoir la forme dissymétrique de la molécule, seulement cette cause s'exerce différemment. Au point de vue philosophique le cycle ainsi fermé satisfait au plus haut point l'esprit, il reste à voir s'il satisfait également la raison.

En électricité, en magnétisme et dans la gravitation, les attractions étaient proportionnelles au nombre des molécules en jeu, elles s'exerçaient en outre en raison inverse du carré des distances ; en cohésion et en affinité il n'en est plus de même, la masse ne joue aucun rôle, et la cohésion est la même dans un faible fragment que dans une grande masse de matière ; la cohésion ne s'exerce que de molécule à molécule ; de plus, elle ne s'exerce qu'à de très faibles distances, cela suffit à la différencier nettement des attractions précédentes.

Constitution moléculaire de la matière. — Dans un corps solide homogène, chaque molécule est entourée de 12 autres molécules semblables, comme il apparaît si on considère l'arrangement d'une pile de boulets laquelle est bien un arrangement homogène (voir Constitution de la matière, page 24).

Si on ne considère qu'un plan, on se rend compte que la seule disposition qui convienne à une distribution homogène est la disposition hexagonale ; dans cette disposition, en effet, toutes les molécules sont également distantes les unes des autres et aucune autre disposition ne saurait remplir cette condition.

On se rend compte de cette nécessité si on remarque la forme des colonnes basaltiques que l'on rencontre fréquemment dans le Plateau Central. Une coulée de lave s'est étalée en surface horizontale ; cette lave bien homogène s'étant refroidie d'une façon bien homogène, le retrait qui s'est effectué a rompu la masse 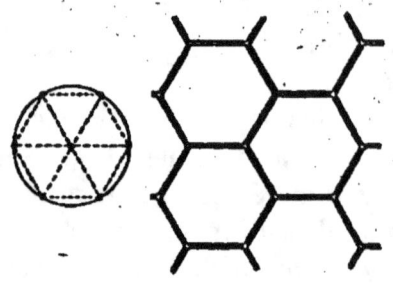 en colonnes hexagonales dont la surface offre l'apparence d'un carrelage. On trouve cette disposition dans les monts d'Auvergne, à Bort, Saint-Flour, le Mont-Dore, etc.

C'est par cette même cause sans doute que les alvéoles en cire construites par les abeilles sont hexagonales ; c'est l'instinct, dit-on, qui a présidé à leur construction, soit, mais l'instinct quoique soustrait à la conscience et à la volonté n'est pas pour cela soustrait à la raison ; les colonnes hexagonales de cire obéissent à une nécessité physique de même que les colonnes basaltiques.

Chaque alvéole étant construite par une abeille le seul moyen que celles-ci travaillent en plus grand nombre possible sans que leur activité se contrarie, est la disposition hexagonale, chaque abeille occupant le centre de la figure.

S'il s'était agi du refroidissement homogène d'une masse basaltique isolée de tous côtés, ce qui est pratiquement impossible, la masse se fût fractionnée en solides réguliers à douze pointements. Dans la matière, chaque molécule est maintenue en place par une attraction et par une répulsion antagoniste d'égale valeur.

Que sont ces deux énergies antagonistes ? On sait que les molécules sont animées de mouvements très rapides ; or ces mouvements ne peuvent être que ceux d'une toupie, c'est-à-dire rotation sur elle-même et révolution autour d'un centre fictif ; cette révolution comporte un troisième élément, à savoir le diamètre de l'orbite parcouru. Dans l'espace chaque molécule devant se comporter d'égale façon vis-à-vis de chacune des 12 molécules qui l'entourent, ses mouvements s'exécuteront non sur un plan comme ceux de la toupie, mais sur une sphère fictive (voir page 56).

La molécule accomplira donc ses mouvements de révolu-

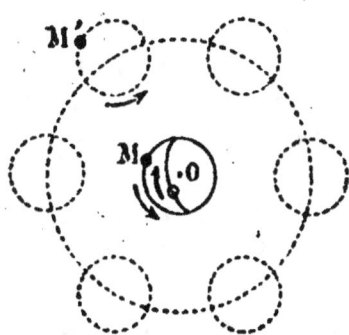

tion en tous sens dans les espaces intermoléculaires, et cela est bien conforme à ce que révèle l'étude de la lumière ; les vibrations moléculaires causes de la chaleur et de la lumière s'effectuent en effet dans toutes les directions, et lorsqu'elles sont ramenées dans un plan, la lumière et la chaleur sont dites polarisées ; l'étude sommaire que nous venons de faire de la constitution de la matière nous conduit tout naturellement à la notion de cette lumière polarisée. Considérons maintenant une planète tournant autour de son Soleil ; elle est, elle aussi, soumise à deux sollicitations antagonistes, l'une attractive de la part du Soleil qui est la gravitation, l'autre répulsive qui la maintient à distance et l'empêche de tomber sur lui ; c'est le mouvement de révolution, lequel provient d'un mouvement de translation initial, qui constitue la force centrifuge de la planète, comme l'a reconnu Laplace. La genèse de cette force centrifuge est parfaitement claire et elle n'est nullement répulsive malgré l'apparence.

Si le mouvement de révolution de la planète venait à s'accentuer, celle-ci s'éloignerait de plus en plus du Soleil et elle finirait même par l'abandonner pour s'en aller vaguer dans l'espace à l'état d'astre errant.

Dans une molécule il n'en est pas autrement ; c'est le mouvement de révolution de la molécule qui constitue la force centrifuge, force antagoniste de la cohésion ; si le mouvement de révolution s'accroît, le diamètre de l'orbite augmente, et à un certain moment la molécule affranchie de la cohésion s'enfuit dans l'espace à l'état de molécule gazeuse, le mouvement de révolution s'est mué en un mouvement de translation ; c'est ce mouvement de translation qui sert de base à la théorie cinétique des gaz et en explique toutes les propriétés. C'est naturellement à la surface où les molécules sont libres sur un de leurs côtés que l'évaporation et la vaporisation se produisent.

On comprend ici le rôle de la chaleur; l'énergie calorifique accroît les mouvements des molécules, à savoir, en dehors des rotations que je néglige ici, le nombre des révolutions cause de la lumière et le diamètre des orbites cause de la chaleur, et c'est là l'explication de la dilatation produite dans les corps par la chaleur. J'ai traité ce sujet à la page 56.

J'ai cru, avant d'aborder la cohésion, devoir exposer à nouveau la constitution moléculaire des corps, et faire ressortir que la soi-disant répulsion des molécules n'est autre qu'un mouvement de révolution ou plutôt de vibration comme il résultera des explications qui vont suivre.

MÉCANISME DE LA COHÉSION

Mais la force attractive, la force cohésive, quelle est sa nature ? En dépit des apparences et bien que cela semble paradoxal, la cohésion n'est pas plus attractive que la force antagoniste n'est répulsive.

Etudions tout d'abord les conditions dans lesquelles s'exerce la cohésion, considérons une solution de sulfate de sodium dans l'eau par exemple ; au-dessous d'une certaine quantité de sel dissous il ne se produira pas de solidification, mais au-dessus cette solidification prendra naissance, et elle se produira contre les parois du vase ou autour d'un objet suspendu dans la solution ; cette particularité va nous servir à démêler le mécanisme de la solidification.

Maxwell a comparé les molécules gazeuses à des abeilles volant en tous sens, et cette comparaison est presque une identité ; une molécule gazeuse en effet se propulse avec une très grande vitesse qui n'est pas moindre de 1.814 mètres par seconde pour la molécule d'hydrogène par exemple, 500 pour celle d'azote, 400 pour celle de l'acide carbonique, etc.; à l'état gazeux ces molécules se poursuivent, se heurtent, reviennent sur elles-mêmes comme de véritables abeilles, et nul doute que si on pouvait les apercevoir on ne les prît pour des êtres animés.

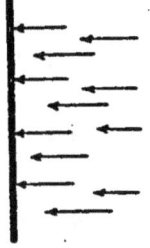

Enfermons un certain nombre d'abeilles dans un récipient, elles voleront, heurteront les parois, reviendront en arrière, etc. Augmentons-en le nombre ; à un certain point, avant qu'une abeille ayant heurté la paroi ait eu le temps de se retourner, une autre abeille l'aura rejointe et l'empêchera de revenir en arrière ; d'autres abeilles viendront s'agglutiner aux premières si je puis ainsi parler, et l'essaim volant se solidifiera.

Lorsque le nombre en sera diminué dans le récipient, l'agglutination cessera parce que les abeilles auront désormais le temps de se retourner, en un mot l'agglutination ne se produira que dans un espace saturé d'abeilles, et le point de saturation sera précisément celui-là même où l'agglutination commencera à se produire.

Remplaçons les abeilles par de petites hélices automotrices volant dans l'air, lesquelles représenteront exactement les molécules gazeuses ; ces hélices se comporteront comme les abeilles ; mais, quoique agglutinées, après leur choc contre la paroi elles ne resteront pas immobiles ; ayant en effet conservé leurs mouvements de translation, elles reviendront en arrière, repartiront en avant, accomplissant ainsi des mouvements oscillatoires continus. Tel est à mon sens le mécanisme de la cohésion, lequel explique en même temps les vibrations moléculaires génératrices de la chaleur et de la lumière. Il me restera peu à dire pour en achever l'exposition.

Dans une solution, les molécules dissoutes sont animées de mouvements de translation très rapides. Vant'Hoff a même démontré que dans les solutions étendues les molécules se mouvaient avec la même vitesse que les molécules gazeuses dans le même espace, c'est-à-dire des vitesses de centaines de mètres à la seconde.

Les molécules étant de forme gauche se comportent dans le dissolvant comme de petites turbines, et, lorsqu'elles sont suffisamment nombreuses, la solidification commence ; c'est précisément ce point où elles sont en nombre suffisant qui marque le point de saturation de la solution.

Dans un corps solide homogène, chaque molécule étant, nous l'avons dit, entourée de 12 molécules semblables et semblablement placées, se comportera d'égale façon vis-à-vis de chacune d'elles ; elle s'avancera, reculera, repartira à nouveau dans des directions sans cesse changeantes, et ces oscillations ou vibrations se répéteront des trillions de fois par seconde, constituant les vibrations lumineuses et calorifiques, que la science a en effet reconnues se produire dans toutes les directions.

Le mouvement d'approche se produisant successivement en face de chacune des 12 molécules contiguës des trillions de fois par seconde, l'effet produit est le même que si ce mouvement était discontinu, c'est-à-dire que dans un corps homogène la cohésion s'exerce simultanément et également vis-à-vis de chaque molécule.

Il est un point cependant où des molécules ne trouvent pas devant elles d'autres molécules, c'est à la surface des corps. Aussi y a-t-il à la surface des corps une tendance des molécules à s'échapper au dehors, et c'est ce qui arrive en effet, des molécules s'évaporent même sur les surfaces solides.

D'après le processus que nous venons d'exposer, il apparaît que la cohésion ne constitue pas une attraction, elle résulte de l'avance des molécules les unes vers les autres des trillions de fois par seconde.

J'ai fait ressortir ailleurs que dans un globule de mercure il était visible que les molécules se dirigeaient vers le centre, de même que les graves sur la Terre.

Cette disposition montre que les molécules sont toujours dirigées dans le même sens, pôle propulsant contre pôle aspirant, pôle positif contre pôle négatif, c'est-à-dire dans le sens même qui produit la cohésion. Le fait de la solidification contre les parois ou contre un objet étranger introduit dans une solution nous avait déjà indiqué clairement que les molécules se poursuivaient, ayant leurs pôles opposés par conséquent.

Quand j'ai prétendu que les molécules tendaient vers le centre de gravité d'un corps, il s'agissait simplement d'une

composante qui ne faisait nullement obstacle à d'autres actions
particulières.

La cohésion ne s'exerce qu'à une distance infime entre molécules et son processus en indique suffisamment les motifs ; un
simple trait de diamant éloigne suffisamment les molécules
du verre, pour la faire disparaître.

CONDENSATION DE MATIÈRE AUTOUR D'UN NOYAU

Étudions de plus près le processus de la condensation de molécules dissoutes ou gazeuses dans un milieu homogène, et revenons à la dissolution de sulfate de sodium déjà considérée ;
dans cette dissolution je place un noyau, les molécules de sulfate qui sont douées de mouvements de propulsion très
rapides viendront heurter le noyau et s'y cohérer suivant le
mécanisme ci-dessus exposé ; or, comme tout est homogène
dans la dissolution, le solide qui prendra naissance sera de
forme sphérique et il s'accroîtra sphériquement.

De par la genèse de cette condensation, les molécules seront
dirigées vers le noyau, c'est-à-dire vers le centre de la sphère
et par suite pôle positif contre pôle négatif, il ne s'agit toujours
que d'une composante.

Tant qu'elles étaient libres de se propulser, les molécules
n'émettaient ni courant ni lignes de force, mais dès qu'elles
sont arrêtées elles propulsent et émettent des lignes de force, et
ces lignes de force prennent d'autant plus d'importance que
la sphère de matière devient plus volumineuse ; en un mot la
faculté d'attraction ou la masse du sphéroïde s'accroît avec le
nombre de molécules ; il y a donc cohésion de molécule à molécule, et gravitation proportionnelle à la longueur des alignements.

On retrouve dans cette genèse que chacun de nous peut
reproduire dans un laboratoire toutes les particularités de la
gravitation ainsi que celles de la cohésion.

S'il s'agissait de molécules gazeuses, telles que des molécules
de vapeur d'eau dissoutes dans une atmosphère saturée,

nous obtiendrions le même résultat; le moindre obstacle peut alors servir de noyau, une poussière par exemple, et en effet Aitken a reconnu que pour déterminer la pluie, c'est-à-dire la condensation des molécules de vapeur d'eau, la présence de poussières dans l'atmosphère est indispensable. Par défaut d'un noyau, une dissolution peut rester liquide bien au delà de son point de saturation, telle celle de sulfate de sodium déjà envisagée. L'introduction d'une pointe d'aiguille constitue alors un obstacle suffisant pour provoquer une solidification presque immédiate.

Poussons plus avant et envisageons maintenant un amas de matière cosmique. En quoi consiste cette matière cosmique? Nous n'en savons rien et n'avons besoin d'en rien savoir ici, sauf que sa matérialité est tout à fait rudimentaire. Une étoile filante est formée de matière cosmique dont la masse est insignifiante; cependant, en traversant notre atmosphère avec une très grande vitesse, cette matière cosmique devient lumineuse, ce qui prouve qu'elle est composée de particules susceptibles de vibrer à l'égal des molécules matérielles que nous connaissons.

Une comète est également formée de matière cosmique; or cette matière est tellement subtile que même occupant un espace immense, elle peut traverser le système solaire sans y apporter le moindre trouble, et la lumière peut la traverser sans en être affaiblie ni même réfractée; cependant, comme chez les étoiles filantes ses particules deviennent lumineuses, ce qui prouve leur matérialité.

Comment les comètes, comment les simples amas de matière cosmique qui constituent les étoiles filantes et les nébuleuses planétaires ont-ils pu s'agglomérer? Pour nous en rendre compte il suffit de nous reporter au processus de l'agglomération de particules dissoutes ou gazeuses autour d'un noyau; un noyau se rencontrant, des particules de matière cosmique errant dans l'espace viennent le heurter et s'y cohérer: or de cette concentration voici la conséquence: dès que quelques particules cosmiques sont cohérées, elles ne peuvent plus se dégager de leur orientation, et cette orientation systématique constitue à l'amas une masse ou faculté attractive qui, si rudimentaire soit-elle, n'en constitue pas moins l'embryon ou la semence d'un monde.

Mais le noyau, le centre indispensable à l'agglomération ne peut-il se constituer fortuitement dans l'espace par la rencontre de particules qui se heurtant de front s'immobiliseraient? Nous retombons ici sur le processus de l'affinité que nous allons examiner plus loin.

La substance cosmique qui constitue les étoiles filantes, les comètes et les nébuleuses planétaires possède une très faible matérialité : Newton estimait qu'une comète s'étendant de la Terre à Saturne, condensée à la densité de l'air que nous respirons, tiendrait dans un dé à coudre. Qu'est-ce donc qui constitue la matérialité d'une molécule ? Ne serait-ce pas précisément sa forme hélicoïdale et la quantité de mouvement dont elle est pourvue ? La molécule d'hydrogène que nous connaissons est animée d'une vitesse moyenne de 1.844 mètres par seconde ; si cette vitesse était réduite à 5 mètres par exemple, que serait la molécule ? Serait-elle celle que nous connaissons ?

De tout ce qui précède, il résulte que **seule la forme hélicoïdale de la molécule confère à la matière la faculté de gravitation, c'est-à-dire la faculté d'attirer et d'être attirée.**

AFFINITÉ

Il est encore une énergie moléculaire qualifiée propriété de la matière qui, comme toutes les autres énergies, est restée inexpliquée ; elle est du même ordre que la cohésion mais ne lui est pas identique. Comme la cohésion d'ailleurs et comme toutes les autres énergies, l'affinité doit avoir pour cause les mouvements moléculaires. Les réactions chimiques, dit Perrin dans son récent ouvrage *les Atomes*, doivent se lier à la théorie cinétique.

La cohésion ne change pas l'aspect ni les autres propriétés des molécules cohérées ; l'affinité au contraire les dénature complètement, ainsi le chlorure de sodium ou sel marin, formé d'une combinaison de chlore et de sodium, ne ressemble en rien à ses deux composants ni comme aspect ni comme propriétés, c'en est même l'antithèse.

L'oxygène, l'hydrogène et le carbone, suivant leur arrangement dans une molécule, produisent des aliments ou de violents poisons ; la disposition des atomes dans les combinaisons joue un bien plus grand rôle que la qualité même de ces atomes.

L'affinité peut s'exercer entre deux ou plusieurs atomes et même entre des milliers d'atomes ; la molécule du sel marin est composée d'un atome de sodium et d'un atome de chlore ; mais il y a des molécules d'albumine qui sont composées de milliers d'atomes, et cela explique pourquoi dans l'osmose les molécules dites cristalloïdes, telles celles du chlorure de sodium ou de sucre, traversent une membrane organique, tandis que les molécules dites colloïdes ne le peuvent pas ; c'est que les premières comprennent peu d'atomes et jouissent d'une grande vitesse de propulsion dans leur solution, tandis que la molécule colloïde, telle celle d'albumine, composée d'un très grand nombre d'atomes, étant beaucoup plus grosse et en outre douée d'une faible vitesse, ne peut traverser.

L'affinité paraît être due à une liaison plus intime encore que celle de la cohésion, puisque en général, dans les produits gazeux, il y a contraction de matière ; ainsi 2 litres d'hydrogène et 1 litre d'oxygène ne donnent que 2 litres de vapeur d'eau ; une molécule gazeuse de 4 atomes se contracte de moitié, une de 1.000 atomes se contracte 500 fois, ou plutôt se contracterait, car il n'y a pas de molécule gazeuse de 1.000 atomes, cette molécule serait trop lourde pour voler.

Nous avons fait ressortir que la cohésion n'était pas due à une attraction véritable, en dépit des apparences ; il en est de même de l'affinité. Avant de rechercher la cause de cette énergie, fixons bien les conditions dans lesquelles elle prend naissance ; tout d'abord il apparaît que, comme dans la cohésion, l'affinité ne s'exerce que d'atome à atome, la masse n'y joue aucun rôle, cela la distingue nettement de la gravitation ; comme dans la cohésion encore il existe dans l'affinité une force répulsive antagoniste de la force attractive puisque les atomes ne viennent pas au contact, et comme dans la cohésion et dans les systèmes solaires la force répulsive est constituée par un mouvement de révolution ou de vibration; mais pour ce qui concerne l'affinité qu'est-ce qui la différencie de la cohésion ?

Considérons d'une part une solution colloïdale ou atomique d'argent ; et d'autre part une dissolution de chlore dans l'eau. Vant'Hoff a démontré que dans les dissolutions étendues, les atomes ou molécules dissous se mouvaient comme s'ils étaient à l'état gazeux dans le même espace, c'est-à-dire avec des vitesses considérables, puisque dans l'espace l'atome d'hydrogène possède une vitesse de 1 844 mètres. Dans la dissolution d'argent ci-dessus considérée, versons une simple goutte de notre dissolution de chlore ou inversement, nous voyons aussitôt se produire au point même où nous avons déposé la goutte un **précipité,** c'est-à-dire un nuage de matière qui n'est autre qu'une combinaison de chlore et d'argent, c'est sur ce point même que l'affinité s'est exercée.

MÉCANISME DE L'AFFINITÉ

Dans la cohésion, les atomes ou molécules se poursuivaient et la solidification ne s'opérait que lorsque les molécules se rejoignaient contre un obstacle, cela impliquait que les molécules s'abordaient par les pôles opposés, pôle propulsant contre pôle fuyant, pôles qui après l'abordage, c'est-à-dire après l'immobilisation, devenaient **pôle positif contre pôle négatif.**

Dans l'affinité, au contraire, les atomes se rencontrent face à face marchant en sens inverse, c'est-à-dire **pôle positif contre pôle positif,** ils se précipitent les uns sur les autres, d'où le mot **précipité.** Voilà sur quelle particularité doit s'établir la différentiation des causes de la cohésion et de l'affinité ; cherchons quel processus pourrait résulter de cette particularité. Un atome d'argent s'avance contre un atome de chlore, les deux atomes s'abordent; mais comme ils sont doués de mouvements propulsifs propres, après l'abordage ils rebondiront pour s'aborder à nouveau, et ainsi de suite indéfiniment. Le processus est analogue à celui de la cohésion.

De petites turbines automotrices se mouvant dans l'eau produiront le même résultat ; celles se poursuivant iront s'agglomérer contre les obstacles, pôle positif contre pôle négatif, celles se rencontrant de face s'immobiliseront en un va-et-vient incessant pôle positif contre pôle positif ; dans les deux cas, l'équilibre sera non pas statique, mais dynamique ; les mouvements moléculaires n'y seront pas abolis.

La condition pour que l'affinité s'exerce, c'est que les composants soient à l'état de dissolution suivant l'adage : **corpora non agunt nisi soluta**. Les corps n'agissent que dissous ; il est même nécessaire que les solutions soient étendues pour que les molécules ou atomes y conservent un mouvement de propulsion accentué. Dans la cohésion il en était autrement, il y fallait une quantité aussi grande que possible de molécules dissoutes.

Le mot de **précipitation** qui marque la combinaison au sein d'une solution, représente bien ce qui se passe et que Berthelot définit ainsi : « On admet aujourd'hui qu'au moment de la com-
« binaison chimique il y a **précipitation** des molécules les unes
« sur les autres avec une grande vitesse. »

Ce processus de l'affinité explique pourquoi une étincelle électrique éclatant dans certains mélanges gazeux y provoque une combinaison, l'électricité attirant violemment les molécules gazeuses ; celles-ci viennent se précipiter les unes contre les autres. C'est encore là le mécanisme de la mousse de platine plongée dans un mélange d'air et de gaz d'éclairage, les molécules venant se condenser dans le platine se heurtent de front avec impétuosité ce qui détermine la combinaison.

La molécule la mieux neutralisée est celle dans laquelle les atomes composants s'immobilisent le plus parfaitement. Il en est ainsi de toutes les combinaisons qui donnent lieu à précipité, car ce précipité signifie que les mouvements de propulsion se sont équilibrés puisque la molécule résultante tombe sur place. Les combinaisons les plus stables sont en effet celles qui donnent lieu à précipité. Bien entendu les molécules une fois formées peuvent s'agréger ensuite par la cohésion pour prendre l'état solide.

Pourquoi la combinaison diffère de ses composants. — L'atome d'argent isolé avait sa physionomie propre, surtout à l'état solide ; mais une parenthèse est ici nécessaire pour rappeler une distinction qui a déjà été signalée plusieurs fois.

Il y a à distinguer entre un atome à l'état gazeux et un atome à l'état solide ; un atome est de forme dissymétrique, disons tout de suite hélicoïdal. S'il est gazeux il se propulse dans l'espace en prenant son point d'appui dans l'éther ; ce mouvement de propulsion est à la base de la théorie cinétique des gaz, il rend compte en effet de toutes leurs propriétés, pression, osmose, etc.

L'atome solide, au contraire, assujetti à se mouvoir pour ainsi dire sur place, agit à la façon d'une turbine, il propulse et aspire l'éther et l'éther qu'il propulse est réaspiré par l'autre extrémité comme il apparaît lorsqu'on fait tourner horizontalement une petite turbine à fleur d'eau dans un récipient, l'eau propulsée par un pôle est réaspirée par l'autre.

Donc l'atome solide d'argent Ag, propulsant et aspirant un même éther, ce dernier lui constitue une atmosphère avec ses pôles + et − et cela lui confère une individualité, j'allais dire une personnalité propre ; il en est de même de l'atome de chlore Cl qui dans la combinaison a pris l'état solide, c'est-à-dire s'est immobilisé.

De par sa constitution, l'atome à l'état gazeux n'a lui ni pôles ni atmosphère. Après la combinaison les deux atomes étant réunis forment une molécule résultante, dans laquelle chacun des composants conserve son atmosphère, ses pôles, son individualité en un mot. Mais la molécule résultante a aussi son atmosphère et ses pôles, c'est-à-dire possède une individualité supérieure qui masque celle de ses composants, et cela explique bien pourquoi et comment la molécule de chlorure d'argent ne ressemble en rien ni à

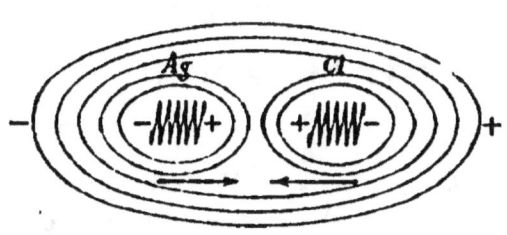

l'argent ni au chlore qui s'y trouvent à l'état dissimulé.

Dans l'électrolyse la molécule est dissociée par le passage du courant, et chaque atome composant ayant repris son individualité suit la route qui lui est marquée par son orientation, l'un gagnant le pôle négatif en suivant la ligne de force, l'autre gagnant le pôle positif par ses propres moyens, comme nous le verrons plus loin.

Je ferai remarquer en passant, que les atmosphères d'éther qui règnent autour des molécules solides peuvent être considérées comme les charges d'électricité, charges dont on fait un si grand usage dans la théorie électro-chimique ; ces charges ne peuvent exister que chez les atomes ou molécules solides, les molécules gazeuses en sont dépourvues de par leur constitution même ; et en effet on n'a jamais pu trouver à une molécule gazeuse une charge électrique.

Dans l'électrolyse on suppose que les atomes ou molécules sont pourvus d'une charge électrique, cela est sans doute vrai lorsque ces molécules sont à l'état solide ou liquide ; mais lorsqu'elles se dégagent à l'état gazeux on ne leur en trouve plus aucune, on s'en tire en disant que la charge est entrée dans le courant ; or ce courant ne varie pas, et il en sort par l'électrode négative exactement ce qui y était entré par l'électrode positive. L'explication rationnelle autant que simple est celle que je viens de fournir.

La genèse de l'affinité rend compte de la contraction qu'éprouvent les combinaisons gazeuses. Deux litres d'hydrogène et un litre d'oxygène ne donnent que deux litres de vapeur d'eau, il y a eu contraction de un tiers après la combinaison, des molécules gazeuses, auparavant autonomes, s'étant désormais liées en une molécule résultante.

SUITE DU MÉCANISME DE L'AFFINITÉ

Approfondissons encore le processus de l'affinité que nous venons d'exposer ; on dit qu'une combinaison est saturée ou neutralisée lorsque ses éléments se font équilibre ; cela nécessite quelques éclaircissements.

La considération de la saturation est liée à la notion de valence, la valence est une sorte d'unité d'énergie chimique. On a pris pour unité la valence la plus faible connue, celle de l'atome d'hydrogène.

Considérons une molécule d'acide chlorhydrique, notée HCl; elle est formée d'un atome d'hydrogène H et d'un atome de chlore Cl; la combinaison est considérée comme saturée vu que c'est la seule possible, et elle est stable. L'atome de Cl a neutralisé l'atome de H et pour cela on dit que le chlore est monovalent. L'affinité obéit en somme au principe de la conservation de l'énergie.

Berthelot a avancé que « les phénomènes chimiques peuvent « être ramenés aux lois de la mécanique, lois qui régissent « aussi bien les astres que les atomes ou dernières particules « des corps ».

Pour neutraliser ou équilibrer un atome d'oxygène O, il faut

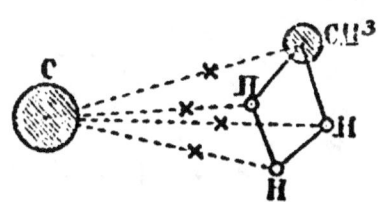

lui opposer deux atomes d'hydrogène H, on obtient alors la molécule d'eau H^2O, et on dit que l'oxygène est bivalent; l'azote Az est trivalent parce qu'il faut opposer à un de ses atomes trois atomes de H pour le neutraliser, on obtient alors la molécule d'ammoniaque AzH^3.

Le carbone est quadrivalent, dès lors la molécule CH^4 devrait revêtir dans l'espace la forme d'une pyramide à base quadrangulaire au lieu de la forme tétraédrique qu'on lui attribue avec un H aux quatre sommets et l'atome de carbone au centre.

Remarquons combien cette notion de valence alliée au principe de la conservation de l'énergie est féconde en même temps que philosophique. CH^4 est équilibré parce que les 4H allant à l'encontre de C neutralisent sa puissance de propulsion. 3H n'y suffiraient pas et laisseraient la molécule déséquilibrée d'une valence; mais tout atome monovalent mis à la place d'un H produira le même effet, un atome de chlore, d'iode, de brome par exemple. Une molécule quelconque déséquilibrée d'un H, c'est-à-dire possédant l'énergie d'une valence, pourra remplacer une valence, un nouveau CH^3 par exemple, et c'est ce qui a lieu ; quoique ce CH^3 n'ait pas d'existence propre ou tout au moins n'ait pas pu être isolé, on lui a donné un nom, méthyle, la nouvelle molécule ainsi obtenue porte le nom d'éthane.

On pourrait s'étendre longuement sur ce sujet encore vierge, mais des plus intéressants. J'en ai traité avec d'assez nombreux détails dans un ouvrage édité en 1908 sous le titre de *Propriétés de la matière, cohésion, affinité, gravitation.*

Il est encore un point sur lequel je dois dire quelques mots, car je n'en ai parlé nulle part ailleurs. Lorsque dans l'affinité deux atomes ou deux molécules se rencontrent face à face, ils peuvent être tous les deux de même dissymétrie ou bien ils peuvent être l'un dextrorsum et l'autre sinistrorsum.

Dans le premier cas, les atomes tournant en sens contraire, c'est-à-dire face à face, s'entourent dès qu'ils sont immobilisés d'atmosphères tournant l'une à droite, l'autre à gauche, c'est là une condition défavorable pour l'établissement d'une atmophère autour de la molécule résultante ; il en serait autrement si l'une des molécules était sinistrorsum et l'autre dextrorsum, car se faisant face elles tourneraient dans le même sens.

Ces deux natures d'atomes ou molécules rentrent dans la théorie électro-chimique de Faraday qui considère des éléments électro-positifs et des éléments électro-négatifs; la théorie des ions les prévoit également avec ses ions positifs et ses ions négatifs. C'est par l'existence de ces deux sortes de dissymétrie que j'ai expliqué le diamagnétisme ; j'ajoute que l'existence de pareilles molécules, gauches et droites est des plus vraisemblables; les molécules organiques, je l'ai déjà dit souvent, comprennent en effet les deux sortes, une même substance peut même les présenter. Ainsi on connaît deux acides tartriques, l'un droit, l'autre gauche ; il y a des quartz droits et des quartz gauches, pourquoi n'en serait-il pas de même des molécules inorganiques ?

ÉLECTROLYSE

L'affinité unit les atomes pour former une molécule ou bien des molécules pour en former une molécule plus complexe. La molécule résultant d'une combinaison est une entité nouvelle jouissant d'une personnalité propre et d'une autonomie absolue, mais cette entité peut être dissociée et réduite à nouveau en ses atomes ou ses molécules composants soit par une chaleur élevée, soit par une action chimique, soit encore par l'électrolyse, c'est-à-dire par l'action d'un courant électrique qui délie ce que l'affinité avait lié.

L'électrolyse n'agit pas sur tous les composés, ainsi elle ne décompose pas les acides sulfurique, azotique, arsenique et phosphorique, mais elle décompose les oxydes, les chlorures, les sels, etc., les corps décomposables sont dits **électrolytes**.

On connaît le processus de l'électrolyse. Dans un récipient contenant une dissolution du corps à décomposer, plongent les deux extrémités d'un fil conducteur A, B interrompu ; le courant arrive par la branche A, traverse le liquide et ressort par la

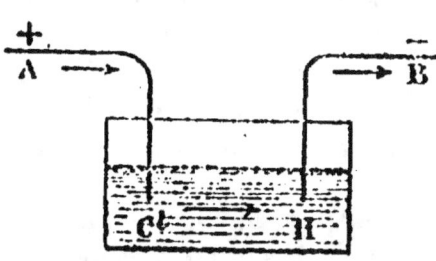

branche B ; il faut que le courant possède une tension suffisante pour traverser le liquide, quelquefois il y suffit d'un simple élément de pile, lequel ne possède au plus qu'une tension ou voltage de 2 volts ; pour traverser l'eau pure il faut au contraire le voltage d'une machine électrostatique ; d'autres fois, enfin, quelle que soit la tension, le liquide ne peut être traversé, c'est le cas de l'essence de térébenthine et de certains autres liquides mauvais conducteurs ; mais ces liquides nommés diélectriques, alors même que le courant ne les traverse pas, se laissent traverser par les lignes de force, et orientent leurs molécules sous l'influence de ces lignes ; en un mot la ligne de force passe, mais le courant ne passe pas. Nous avons examiné tout cela en traitant des diélectriques, pages 115 et suivantes.

Nous envisagerons ici le cas où le courant passe, celui par exemple d'une dissolution de chlorure de zinc dans l'eau. On reconnaît pendant le passage du courant que le chlore Cl se rassemble à l'électrode **+** et le zinc Zn à l'électrode **—** par laquelle ressort le courant.

Explications classiques de l'électrolyse. — Le cas que nous venons d'examiner d'une solution homogène dans laquelle plongent les électrodes est relativement simple ; pour en rendre compte, on imagine que dans le fil conducteur cheminent côte à côte deux courants en sens inverses, l'un positif, l'autre négatif ; l'un de ces courants entraînerait le Cl et l'autre le Zn ; il y a ensuite l'explication imaginée par Grotthus qui s'accommode d'un seul courant et que voici :

A la sortie de l'électrode ou pôle **+**, l'électricité décompose la première molécule de chlorure, l'atome de Cl est retenu, l'atome de Zn restant libre décompose à son tour la molécule suivante et lui prend son Cl ; ainsi de suite, de sorte qu'arrivé au pôle **—** le courant se présente avec une dernière molécule de Zn, laquelle ne rencontrant pas de contre-partie se dégage.

Cette genèse compliquée et invraisemblable s'accommode de la théorie du courant unique et du fluide unique, nous l'avons expliquée nous-même plus simplement comme suit : à son entrée dans le liquide, le courant dénoue une molécule du ZnCl, retient le Cl et le Zn entraîné par le courant se rend au pôle **—** où il est recueilli.

Mais il y a des cas qui ne paraissent pas pouvoir s'expliquer par un seul courant, tel le suivant : considérons trois récipients A. B. C reliés par des mèches d'amiante ou de coton imbibées d'eau acidulée pour les rendre conductrices. Les récipients extrêmes A, C sont remplis d'eau et celui du milieu contient une solution de chlorure de zinc par exemple. Dans les deux vases extrêmes plongent deux électrodes ; lorsque le courant passe on constate que le Zn se rend au pôle **—** et que le Cl se rend au pôle **+**, en remontant le courant par conséquent.

Ces transports ne paraissent pas pouvoir s'expliquer par

un courant unique et c'est là le dernier rempart des partisans
du système des deux fluides et des deux courants cheminant
côte à côte, l'un transportant du fluide négatif, et l'autre
du fluide positif. Lodge et Maxwell prétendent que les phénomènes de l'électrolyse exigent deux courants.

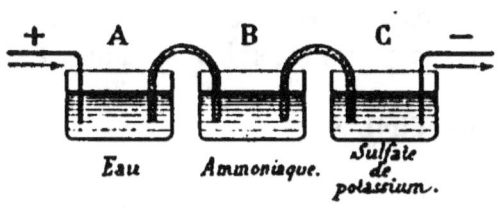

Eau   Ammoniaque.   Sulfate de potassium.

L'expérience précé-
dente peut-être dis-
posée autrement, le
vase A contient de
l'eau pure, le vase B
contient de l'ammo-
niaque et le vase C
du sulfate de potassium ; le potassium est retenu au pôle —
sous forme de potasse et l'acide sulfurique se rend au pôle +
ayant remonté le courant, par conséquent en traversant l'ammoniaque.

Depuis 1887, l'explication adoptée pour l'électrolyse est celle
d'Arrhénius que je vais exposer pour montrer combien la
science est crédule lorsqu'il s'agit de doctrines étrangères. Cette
doctrine est celle dite de l'ionisation.

Arrhénius admet que les électrolytes dissous dans l'eau se
décomposent en partie dans le dissolvant ; ainsi, dans une
dissolution de chlorure de sodium ou sel marin, une partie des
molécules NaCl se dissocie en ses deux composants : sodium
(Na) et chlore (Cl) qui prennent le nom de ions ; ces ions qui
dans l'électrolyte n'ont pas de charge électrique en prennent
une dès qu'ils sont passés à l'état d'ion, le Na prend une
charge +, le Cl prend une charge — ; dès lors, étant admis que
les électricités de noms contraires s'attirent, le Na se rend à
l'électrode — et le Cl à l'électrode +.

Voilà où on en est ; mais les objections, les obscurités, les
invraisemblances abondent. Pourquoi des molécules se disso-
cient-elles ? et comment se fait-il que le sodium, qui est tellement avide d'eau qu'il la décompose violemment, reste ici
indifférent ? C'est, répond-on, que l'ion sodium lorsqu'il est
pourvu de sa charge d'électricité diffère complètement de celui
que nous connaissons, lequel en est dépourvu. Pourquoi encore
le Cl, qui dans le chlorure de sodium a une charge —, a-t-il une

charge + dans l'acide chlorique? enfin en quoi consistent les charges et pourquoi les électricités de noms contraires s'attirent-elles ? Voilà les difficultés auxquelles on ne craint pas d'aboutir pour en éviter une, celle de la remonte du courant par un élément d'électrolyte.

Je vais à mon tour présenter un processus beaucoup plus simple de l'électrolyse, et ce processus aura en outre cet avantage de ne rien laisser dans l'ombre, par surcroît il ne fera appel qu'à mon hypothèse de la molécule et de l'atome gauches ou dissymétriques, enfin il sera intelligible.

EXPLICATION DE L'ÉLECTROLYSE
PAR LA MOLÉCULE GAUCHE

Il paraît tout d'abord irrationnel de supposer qu'un courant électrique soit composé de deux courants cheminant côte à côte et en sens inverses, l'un formé d'électricité +, l'autre d'électricité — ; l'étude que nous avons faite du courant électrique faisait nettement ressortir que le côté — du courant était le côté aspirant du circuit situé en arrière de l'électromoteur et que le côté + était le côté propulsant, et la preuve qu'il n'y a dans cette distribution qu'une question de tension, c'est que le côté positif du courant et le côté négatif produisent les mêmes effets. Que dans une cuve électrolytique, par exemple, on fasse passer un courant pris dans la branche + ou dans la branche —, les résultats sont identiques.

Il n'en reste pas moins cette anomalie que des atomes cheminent en sens contraires dans le courant électrolytique. Avant d'aborder l'explication de cette singularité, je rappellerai la manière d'être d'une molécule gauche dans l'éther ambiant, et tout d'abord je considérerai le fonctionnement d'une turbine ou d'une hélice tournant dans l'eau ; les effets produits seront différents suivant que l'hélice est fixe ou qu'elle est libre de se mouvoir ; fixe, elle aspire l'eau par une face et la propulse par l'autre ; mobile elle se propulse elle-même dans le liquide.

L'hélice fixe est la représentation de la molécule solide assujettie à tourner pour ainsi dire sur place ; l'hélice mobile est la représentation de la molécule gazeuse se propulsant dans l'éther, et ce sont là non de simples comparaisons mais des identités ; il y a enfin une situation intermédiaire, l'hélice est mobile mais non au maximum, elle éprouve une résistance ; dans ce cas elle se propulse pour partie dans le fluide où elle prend son appui et pour le surplus elle aspire et propulse ce fluide.

L'hélice d'un bateau à vapeur nous présente ces trois cas ; au démarrage elle tourne pour ainsi dire sur place en projetant par derrière un flux d'eau considérable ; peu à peu le bateau avance, l'hélice alors se trouve dans la position moyenne, elle se propulse pour partie et projette en même temps un flux d'eau par derrière ; enfin le bateau est en pleine vitesse, toute l'énergie de l'hélice est alors employée à sa propre propulsion.

Envisageons maintenant le courant électrique traversant un liquide. On sait que ce courant est tourbillonnaire, composé lui-même de filets élémentaires tourbillonnaires en forme de tire-bouchon ; ce courant rencontrant une molé-

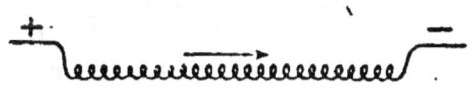

cule électrolytique de AgCl (chlorure d'argent) par exemple ayant même forme tourbillonnaire, la dévisse ; mais ici j'ouvre encore une parenthèse pour rappeler que, d'après mes vues, la combinaison de deux atomes est due à la rencontre de ces deux atomes se propulsant et se rencontrant face à face au sein d'un fluide. Ces deux atomes sont, je suppose, gauches dans le même sens qui est le sens du courant.

Que va-t-il se produire lorsque les atomes auront été dévissés : l'un, celui d'argent, orienté dans le sens du courant et tournant dans le même sens que lui, suivra le courant et se rendra au pôle négatif ; quant à l'autre, celui de chlore, il sera orienté dans le sens opposé, c'est-à-dire dans le sens de la remonte du dit courant, il se trouvera dans la position

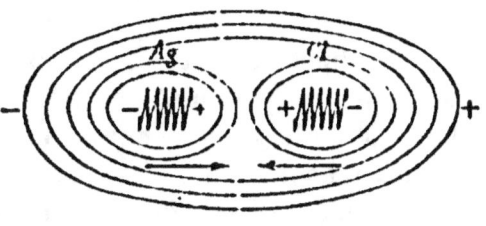

moyenne de l'hélice de tout à l'heure, il se propulsera dans le courant dont il épouse la forme ; la seule condition pour cela c'est que sa vitesse de propulsion soit plus grande que celle du courant. Si, par exemple, le courant a une vitesse de 10 mètres par seconde, et si l'atome Cl a une vitesse propulsante de 11 mètres, il remontera le courant à la vitesse de un mètre par seconde et se rendra au pôle + de la même façon qu'un poisson remonte un courant en nageant avec une vitesse plus grande que ce courant.

On peut illustrer ou plutôt matérialiser ce processus de l'électrolyse de la façon suivante, une molécule liant deux atomes par l'affinité peut être représentée par deux hélices automotrices se rencontrant dans l'eau et restant liées face à face : supposons que ces hélices soient toutes les deux dextrorsum, la molécule résultante étant saisie par un tourbillon d'eau dextrorsum également, que va-t-il se produire ?

Les hélices dextrorsum toutes les deux, mais affrontées, tourneront en sens inverse dans le courant ; si elles sont douées de vitesses inégales ce qui sera le cas ordinaire, la molécule résultante conservera après la liaison une rotation et une propulsion avec champ tournant d'eau ; le tourbillon d'eau analogue du courant électrique commencera par orienter la molécule ci-dessus dans son sens, et pendant qu'il maintiendra l'une des turbines composantes immobile, il dévissera l'autre qui devenue libre et tournant dans le sens du courant descendra avec lui ; cela fait, la turbine qui a été maintenue étant devenue libre à son tour remontera le courant tourbillon dont elle épouse la forme, si du moins sa vitesse de remonte le lui permet.

En réalité, les deux turbines composantes, malgré leur cheminement en sens inverses, suivent un processus identique ; une fois déliées elles cheminent toutes les deux par leurs propres moyens, l'une suivant le courant, l'autre le remontant.

Voilà donc expliquée aussi simplement et aussi rationnellement qu'il est possible une anomalie d'apparence inexplicable dans l'hypothèse d'un courant unique.

Ne seront décomposables, c'est-à-dire électrolytiques, que les seuls composés satisfaisant aux conditions précédentes ; la dissymétrie de la molécule doit être la même que celle du courant et celle des atomes composants également. Si le courant

est dextrorsum les autres doivent aussi être dextrorsum, etc.
Mais pourquoi sera-ce toujours le zinc qui ira au pôle + et le Cl
au pôle — ? Cela exige que la molécule soit toujours dévissée
dans le même sens.

Il ne faut pas oublier que, dès que les atomes de Ag et de Cl
ont été liés par l'affinité, ils ont donné naissance à une molécule, entité nouvelle qui prend une rotation propre, et c'est le
sens de cette rotation qui détermine l'orientation, qui sera
dès lors toujours la même dans le courant ; pour l'acide chlorique, l'orientation de la molécule doit être inverse que pour
le chlorure d'argent, car ici l'atome Cl se rend au pôle — au lieu
de se rendre au pôle + comme dans le AgCl.

Aussi longtemps que les atomes cheminent emprisonnés dans
le courant ou les filets tourbillonnants élémentaires, ces atomes
ne jouissent pas du plein de leurs propriétés, ils sont pour ainsi
dire masqués ; ainsi, dans l'exemple cité plus haut de la décomposition du sulfate de potassium, la molécule d'acide sulfurique
traverse le récipient contenant de l'ammoniaque sans se combiner avec cet alcali malgré leur affinité; mais si au lieu d'ammoniaque le récipient contenait du chlorure de baryum, l'acide
serait retenu, parce que le sulfate de baryum résultant est un
sel plus stable que celui d'ammoniaque ; si cependant le courant
était suffisamment puissant, l'acide traverserait encore le
chlorure de baryum sans se combiner.

C'est cette dissimulation dans le courant des atomes ou
molécules composants qui fait que les bulles de gaz qui se dégagent ne deviennent visibles qu'aux électrodes, c'est-à-dire
au moment où elles quittent le courant.

Le courant électrique n'a d'autre effet dans l'électrolyse que
de dissocier les molécules. C'est un véritable effet mécanique,
aussi peut-on faire traverser par le même courant dix, vingt
cuves électrolytiques; il ressort, après la vingtième, la même
quantité d'électricité qui était entrée à la première ; seule
la tension s'est abaissée.

Il en est exactement ici comme dans un courant hydraulique,
un cours d'eau par exemple. Ce cours d'eau, s'il possède une
chute de 20 mètres, pourra faire marcher dix moulins placés sur
son parcours lui prenant chacun 2 mètres de chute, mais la

quantité d'eau ne varie pas ; l'identité est complète si nous considérons une canalisation continue dans laquelle le courant serait propulsé par une turbine avec une tension de 20 mètres ; ce courant pourra alimen*er sur son parcours dix turbines réceptrices absorbant chacune 2 mètres de tension. Pas plus que l'eau, l'électricité ne se dépense.

Cette genèse de l'électrolyse explique bien que les quantités qui se rendent à chaque électrode soient exactement celles des équivalents chimiques de la molécule ; ainsi une molécule d'eau H^2O étant composée de deux atomes ou deux volumes d'hydrogène et de un atome ou un volume d'oxygène, dès que la molécule est déliée on recueille fatalement à l'électrode — deux volumes de H contre un de O à l'électrode +, il en est naturellement de même en ce qui concerne les poids. En résumé tous les éléments d'une molécule dissociée se rendent aux électrodes, les uns en suivant le courant, les autres par leurs propres moyens.

Vitesse de la décomposition électrolytique. — Nous avons fait ressortir que dans un courant électrique la vitesse du courant était inconnue, mais en tout cas variable et parfois très faible ; Maxwell avance même que dans un fil télégraphique la vitesse de l'électricité est moindre peut-être, de **un centième de pouce à l'heure.**

Ce qui est certain, c'est que la vitesse du courant doit varier avec l'énergie de l'impulsion, et elle doit être infiniment plus considérable sous l'impulsion d'une puissante dynamo que sous celle d'un élément de pile.

Dans l'électrolyse, on peut saisir ces faibles vitesses sur le fait ; si on fait traverser de l'eau à peu près pure par un courant électrique sous une épaisseur de un centimètre et sous la tension de un volt qui est celle d'une pile de Daniell, Kohlraush a trouvé que l'hydrogène se dégage avec une vitesse de 12 centimètres **par heure** et le fer avec une vitesse de 1^{cm},12 et, cependant, à ces vitesses infimes, la propagation du courant s'effectue toujours à la vitesse de 300.000 kilomètres par seconde.

Ces faibles vitesses semblent démontrer que les molécules du fil conducteur ont une forme gauche ou propulsante très peu accentuée; peu importe d'ailleurs que cette forme soit peu ou prou accentuée, il suffit qu'elle existe car, si faible soit-elle, la rotation de la molécule engendre un courant et par suite une ligne de force de propagation qui assure la transmission à raison de 300.000 kilomètres par seconde; une molécule sphérique ne produirait rien.'

La faible vitesse du courant reconnue dans l'électrolyse montre que ce courant n'est pas difficile à remonter par une molécule ou un atome libérés de l'affinité, c'est-à-dire rentrés en possession de leurs mouvements de propulsion, d'ailleurs le trajet à accomplir n'est pas considérable.

ONDES LINÉAIRES RYTHMÉES.
PHONOGRAPHE. TÉLÉPHONE

ONDES LINÉAIRES RYTHMÉES

Lorsque j'ai commencé le présent ouvrage, j'avais l'intention de le limiter à quelques pages; mais de proche en proche le sujet m'a entraîné, et me voici actuellement fort éloigné des bornes que je m'étais assignées; et ce n'est pas tout, voilà qu'il me faut encore exposer en une revue rapide le processus des ondes rythmées linéaires, car ce processus nous permettra d'entrevoir la possibilité d'envoyer par un fil unique un grand nombre de dépêches simultanées.

Une simple poussée de l'eau à la surface d'un étang donne naissance à une onde C dont on voit la crête s'avancer d'un mouvement continu, et quand je dis que l'on voit la crête s'avancer, je commets une erreur, car le liquide ne s'avance pas; en dépit des ap-

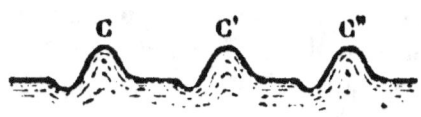

parences il subit une simple élévation. Même lorsqu'en pleine
mer la ride prend les dimensions d'une vague immense, une
barque n'est pas poussée, elle est simplement soulevée et
abaissée ; quelle que soit l'importance des rides ou des vagues,
les molécules liquides accomplissent un simple mouvement
oscillatoire.

Qu'une nouvelle impulsion provoque une onde nouvelle,
celle-ci s'avancera à son tour indéfiniment ; supposons que des
poussées successives également espacées se produisent à la surface de l'eau, nous aurons une suite d'ondes équidistantes
C, C′, C″, dont chacune, remarquons-le bien, se poursuit et
s'avance d'un mouvement continu comme si elle était isolée.

Si l'ébranlement se produisait à l'intérieur d'une masse liquide au lieu de l'être à la surface, il n'y aurait pas de crête, les
molécules se pousseraient simplement les unes les autres, et
ici l'excursion de chaque molécule serait très limitée, ce serait
l'élasticité des molécules qui serait en jeu, au lieu que dans le
cas des crêtes, c'était la pesanteur alliée à l'élasticité.

Les ondes rythmées ne sont autre chose que des ondes se
succédant à intervalles réguliers, telles sont les ondes produites
par une lame vibrante d'acier, fixée à une extrémité et libre à
l'autre ; dans ce cas il n'y a pas seulement poussée, mais il y a
mouvement de rappel des molécules en arrière, une phase de
dépression succède à une phase de compression ; et la phase de

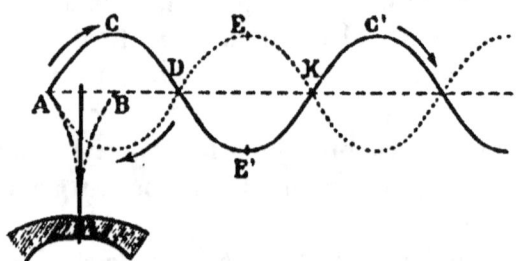

dépression remplit précisément l'intervalle des poussées C,
C′, C″; la longueur d'onde est l'intervalle CC′ entre deux crêtes.
Pour obtenir une onde linéaire, faisons vibrer une lame en
face d'un tuyau, la lame en vibrant fournit par seconde un
certain nombre de vibrations, nombre qui reste le même quelle

que soit l'amplitude de l'oscillation, mais qui varie avec la longueur de la lame, et divers autres éléments que je n'ai pas à envisager ici.

Supposons que notre lame vibre 33 fois par seconde, comme le son parcourt 330 mètres dans le même temps, chaque onde aura une longueur de 10 mètres ; on remarquera tout d'abord que la longueur de l'onde n'est nullement en rapport avec l'espace parcouru par l'extrémité de la lame vibrante, car cet espace est à peine ici de quelques millimètres, alors que l'onde a 10 mètres.

Le processus de l'onde est le suivant : à l'aller la lame pousse les molécules d'air les unes contre les autres, c'est la phase de compression; puis, arrivée, à l'extrémité de sa course, la lame revient sur elle-même ramenant les molécules qu'elle avait poussées, c'est la phase de raréfaction.

Avant de revenir sur elle-même, l'onde, arrivée au point extrême D de sa course, a poussé les molécules suivantes, de sorte que l'onde se poursuit d'un mouvement continu comme le faisait la crête de la vague, pendant que se produit la phase de retour.

Si on pouvait photographier à un instant donné la suite des ondes actuelles, elle serait celle indiquée par le trait plein du croquis ci-contre. C, C' sont des crêtes s'avançant d'un mouvement continu, et E' une phase de dépression ou de retour en arrière des molécules.

C'est au milieu de sa course que la lame a la plus grande vitesse; c'est de même aux milieux E, E' de chaque phase de compression et de dépression appelés ventres, que se produit la plus grande vitesse : par contre c'est aux points fixes D, K appelés **nœuds** que se produit la plus grande compression au moment de la poussée, et la plus grande raréfaction au moment du retour. L'onde représentée dans notre croquis est simplement figurative, elle est celle qui serait produite à la surface de l'eau. Dans un milieu homogène tout se passe en compressions de molécules et en raréfactions sans élèvements ni abaissements.

Dans chaque onde une seule molécule est intéressée à la fois sur des milliards qui entrent en jeu ; aussitôt qu'une molécule a été poussée et a poussé la suivante, elle se remet au repos et elle ne rentrera en scène que lorsque la phase de dépression viendra la reprendre pour la ramener en arrière à sa position première ; c'est ce qui explique que des ondes puissent se croiser sans se nuire, comme nous l'indiquerons plus loin en traitant de l'indépendance des ondes.

Accord ou unisson. — Désaccord.

Accord ou unisson. — Désaccord. — Si en face d'une lame vibrant 33 fois par seconde on place une deuxième lame pouvant vibrer le même nombre de fois, cette deuxième lame entrera elle-même en vibration ; elle sera mise en mouvement par poussées successives de l'onde sonore ; toute autre lame resterait au repos.

Il faut plusieurs poussées pour que la lame influencée prenne le rythme de la lame vibrante, de même que lorsqu'on pousse une escarpolette il faut plusieurs poussées pour donner à cette dernière toute son amplitude ; c'est là le processus de tous les accords ; l'onde calorifique venant du Soleil n'échauffe pas immédiatement les corps, il y faut un certain temps et un certain nombre de poussées.

On saisit bien ici le mécanisme de l'accord ou de l'unisson : une lame vibrant 33 fois, c'est-à-dire produisant 33 poussées par seconde, ne saurait mettre en vibration une lame exigeant 40 poussées par exemple, parce que celle-ci vibrerait en discordance avec la première, une poussée de l'une coïncidant fréquemment avec un retour de l'autre.

On pourrait s'étendre longuement sur cette question d'ondes qui est des plus intéressantes et des plus importantes pour l'intelligence de nombreux phénomènes ; mais je dois me limiter. En tout cas il est visible que la mise en mouvement d'une lame par une autre lame en accord se fait par un processus purement mécanique et en dehors de tout mystère, il y faut seulement un milieu de transmission qui assure la liaison.

Si une deuxième lame vibrait derrière la première exécutant elle aussi 33 vibrations à la seconde, il pourrait se produire deux cas singuliers. Les vibrations partiraient au même instant, dans ce cas le son doublerait d'intensité ; dans le second cas, au contraire, les ondes se succéderaient avec une différence d'une demi-onde, à savoir la longueur de AD, dans ce cas les ondes se neutraliseraient en tous les points ; à la phase de compression de l'une correspondrait la phase de raréfaction de l'autre, les molécules d'air sollicitées à la fois en avant et en arrière resteraient immobiles, et on n'entendrait plus aucun son. Du mouvement produirait du repos, deux sons produiraient du silence, c'est là le phénomène des **interférences,** c'est-à-dire doublement du son en un cas, neutralisation du son dans l'autre.

En lumière on rencontre les mêmes particularités : les **interférences** produisent, suivant que des ondes de même fréquence s'accordent ou se contrarient à une demi-onde d'intervalle, des franges lumineuses ou des franges obscures. C'est une des similitudes qui ont fait identifier le processus des ondes lumineuses avec celui des ondes sonores et en ont par suite facilité l'étude, il est vrai que depuis les ondes lumineuses sont devenues électromagnétiques, heureusement que leur théorie en était déjà faite à ce moment.

Les sens dont nous sommes doués et qui nous mettent en rapport avec le monde extérieur sont en accord chacun avec une ondulation spéciale; l'oreille et le centre de perception acoustique dans le cerveau sont en accord avec les ondes sonores ; l'œil, la rétine et le centre de perception optique sont en accord avec les ondes lumineuses ; les terminaisons nerveuses de la périphérie de notre corps et leur centre de perception sont en accord et vibrent à l'unisson des ondes calorifiques, mais beaucoup d'ondulations ne sont pas perçues, telles celles de la gravitation, et les ondes électriques et magnétiques.

Indépendance des ondes. — Une seule molécule étant intéressée à la fois dans une onde, chacune d'elles, dès qu'elle est rentrée au repos, peut être reprise et servir à de nouvelles ondes sans que la première en soit contrariée ou même seulement influencée.

On saisit cette indépendance sur le fait si on considère une nappe d'eau sur la surface de laquelle tombent de fines gouttelettes de pluie, chaque gouttelette produit une série d'ondes concentriques et toutes ces ondes cheminent et se croisent sans se contrarier.

C'est par le même processus que nous entendons distincte-
ment les sons de tous les instruments d'un orchestre dans leurs
moindres détails, et même les sons émanés de divers points de
l'espace.

Lorsque, par hasard, une molécule est saisie à la fois par deux
ondes de sens contraires, j'ai montré, en traitant du croisement
simultané de deux dépêches télégraphiques dans le système
Duplex, comment et combien simplement s'effectue le croisement.

PHONOGRAPHE

J'ai appelé cet instrument paradoxal, il est plus que cela, il
paraît être un défi au possible ; qu'une impression unique
recueille et restitue un son unique passe encore, mais qu'un
seul stylet marque en un seul sillon une multitude de sons si-
multanés, cela paraît dépasser les bornes de la vraisemblance ;
c'est cette invraisemblance dont j'ai cherché à me rendre
compte.

Je considérerai seulement les parties essentielles du phonographe, et ces parties mêmes je les réduirai à leur plus simple
expression. Donc, pour nous, le phonographe consistera en un
cylindre mis en mouvement par une manivelle M ; en dehors et
indépendante du cylindre se trouvera une plaque vibrante A
portant à son centre un stylet.

Le cylindre est recouvert d'une feuille d'étain contre laquelle
vient appuyer le stylet avec une légère pression ; en tournant
la manivelle, le cylindre se déplace latéralement par le moyen
d'une vis de façon à permettre la continuité des impressions du
stylet sur la feuille d'étain. Voilà à quoi se
réduit l'appareil ; il est remarquable de simplicité. Voyons maintenant son fonctionnement. Le cylindre étant mis en mouvement,
on parle devant la plaque A et celle-ci, sous
la vibration des ondes sonores, pousse plus
ou moins le stylet qui imprime une trace
plus ou moins profonde sur la feuille d'étain ; cette trace plus

ou moins profonde est le reflet des vibrations de la plaque vibrante.

Si nous arrêtons l'opération et que nous tournions le cylindre en sens inverse, le stylet repassera par le même sillon; les traces imprimées dans la feuille poussant à leur tour le stylet, celui-ci remet la plaque en vibration et cette dernière reproduit fidèlement le son qui lui avait été confié et qu'elle même avait inscrit.

Le phénomène est déjà compliqué s'il s'agit d'une seule onde sonore; mais s'il y en a cent, s'il s'agit d'un orchestre tout entier jouant devant la plaque, comment comprendre qu'un stylet unique puisse en une trace unique imprimer toutes les particularités de cent ondes diverses en conservant à chacune son absolue indépendance ainsi que sa netteté.

Pour ne pas nous égarer, faisons la synthèse du problème et allons du simple au plus compliqué.

Au lieu d'une plaque vibrante, considérons une simple lame métallique B vibrant en face du cylindre du phonographe; cette lame émet je suppose 5 vibrations par seconde. Je choisis à dessein des chiffres très réduits pour ne pas fatiguer inutilement l'attention, et je suppose que ces 5 vibrations sont sonores, ce qui n'est pas en réalité puisque la limite inférieure d'impression sur l'oreille est 16 vibrations.

J'ai fait remarquer plus haut que, dans une onde périodique, c'est aux nœuds que s'exerce la pression la plus considérable; c'est donc aux nœuds que le stylet imprimera sa trace la plus profonde. Ne considérons que ces nœuds, il y aura au bout d'une seconde 6 trous *b* marqués sur la feuille d'étain.

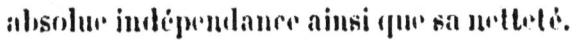
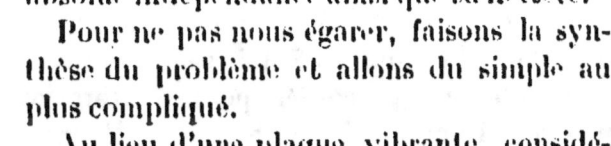

En tournant le cylindre en sens inverse, le stylet repassant par ces 6 trous fera vibrer 5 fois la lame excitatrice B qui reproduira ainsi le son primitif; si on remplace la lame B par une lame plus courte C émettant par exemple 7 vibrations par seconde, le stylet imprimera 8 trous *c* dans la feuille d'étain.

Faisons maintenant vibrer simultanément les deux lames ; il n'est pas nécessaire que chacune d'elles ait son stylet, il suffit d'un stylet unique contre lequel chaque lame viendra presser à son tour ; le stylet étant unique, la trace sera également unique ; la lame vibrante B appuiera 6 fois en une seconde, et la lame C 8 fois, mais à des moments différents, sauf aux points d'interférence où les lames B et C appuyant en même temps sur le stylet la trace sera double sur la feuille d'étain.

La trace des trous imprimés sur la feuille d'étain sera donc une combinaison des deux traces précédentes, ce sera un sillon dans lequel je trace en gros points la première onde et en petits points la seconde.

En tournant le cylindre dans le sens inverse, le stylet s'enfonçant dans la série des gros trous fera vibrer la lame B 5 fois par seconde, et s'enfonçant dans la série des petits trous elle fera vibrer la lame C 7 fois ; la première onde n'affectera que la lame B accordée pour 5 vibrations seulement et laissera indifférente la lame C accordée pour 7 vibrations, la seconde au contraire n'affectera que la lame C.

Nous entendrons donc au phonographe les deux notes qui lui avaient été précédemment confiées. S'il s'agissait d'un orchestre entier il en serait de même, chaque instrument imprimerait sa vibration particulière et le phonographe la restituerait. L'explication est suffisamment claire ; aller plus loin ne ferait que l'obscurcir.

Sur la feuille d'étain, il y aura donc une confusion inextricable de points, mais cette confusion n'est qu'apparente et le stylet se charge de la débrouiller.

En s'enfonçant aveuglément dans tous les trous qu'il a précédemment tracés, le stylet reproduit chaque vibration et la précision est telle aussi bien à l'aller qu'au retour qu'on entend d'une façon très nette et très distincte l'ensemble de l'orchestre qui a été précédemment entendu par l'instrument. On pourrait ajouter à la ligne de trous tous les trous que l'on voudrait, ces traces incohérentes ne nuiraient rien à la réception des ondes; ne faisant partie d'aucun rythme elles seraient non avenues.

Dans la pratique, l'écouteur du phonographe n'est pas composé de lames accordées avec les diverses vibrations, mais d'une membrane métallique susceptible de les recevoir toutes et de vibrer à leur unisson; et cela même est une merveille qu'une membrane unique puisse recevoir et vibrer à l'unisson de cent ondes simultanées.

Si on ne conservait comme récepteur qu'une seule lame vibrante B, on n'entendrait de tout l'orchestre que la note *b*; les autres notes ne seraient pas entendues.

On raconte que lorsque l'inventeur du phonographe, Edison, entendit pour la première fois, en 1877, parler son instrument, il en resta confondu.

TÉLÉPHONE

Un appareil non moins merveilleux que le phonographe est le **téléphone** dont nous allons examiner le principe et le fonctionnement en le réduisant à sa plus simple expression de façon à mieux en saisir le mécanisme, comme nous l'avons fait pour le phonographe. Nous aurons pour cela peu à faire, il nous suffira de considérer les téléphones primitifs de Graham Bell et d'Elisah Grey; chose extraordinaire, ces deux inventeurs, quoique s'ignorant l'un l'autre, ont, en 1876, et à deux heures d'intervalle, déposé une demande de brevet pour des appareils presque identiques.

Une membrane de fer doux P se trouve en face d'une bobine B formée par un barreau d'acier aimanté autour duquel s'enroule un grand nombre de fois un fil fin de cuivre recouvert de soie.

A l'autre extrémité de la ligne se trouve un dispositif semblable, c'est le fil double qui partant de B va s'enrouler autour de l'aimant B' et constitue la seconde bobine. En parlant devant la plaque P, cette plaque entre en vibrations et, chaque fois qu'elle se rapproche ou qu'elle s'éloigne de la bobine B, le ma-

gnétisme de l'aimant se trouve modifié, d'où résultent dans le
fil qui réunit B, B' des courants sans cesse variables; ces courants modifient à leur tour le magnétisme de l'aimant récepteur B', lequel attire plus ou moins la plaque réceptrice P' et
lui imprime des vibrations identiques à celles de la plaque
transmettrice P. Voilà tout le téléphone. Ici le transmetteur et
le récepteur sont semblables et remplissent à volonté l'un ou
l'autre rôle, servant à parler ou à écouter.

En pratique, pour renforcer le son, on intercale des micro-
phones et des piles, mais le principe de l'instrument n'en est pas
changé; nous négligerons donc ces accessoires. Ce qui est à remarquer, c'est que les ondes sonores du départ se reproduisent
exactement à l'arrivée ; on peut devant une plaque faire jouer
un orchestre, et les divers sons de cet orchestre seront entendus
à l'autre extrémité ; il existe des téléphones appelés théâtro-
phones qui, installés sur la scène d'un théâtre, recueillent et
transmettent au loin toutes les péripéties d'une représentation
lyrique, musique de l'orchestre et paroles des acteurs.

Une multitude d'ondes sonores sont donc transmises simultanément par le mince fil conducteur usité en téléphonie, et
sans rechercher la nature des ondes électriques qui y prennent
naissance, ce que nous pouvons en retenir c'est que ces ondes
recueillent fidèlement les ondes sonores qui leur sont confiées,
et les transmettent avec non moins de fidélité; il n'y a donc
pas lieu de se préoccuper du fil conducteur et des ondes électriques qui servent d'intermédiaire entre les deux postes;
aussi bien toutes les recherches et tous les perfectionnements
portent seulement sur les appareils de transmission et de
réception.

Remarquons en terminant combien le processus du téléphone ressemble à celui de l'ouïe : au fond de l'oreille, une membrane, le tympan, vibrant sous l'influence d'ondes sonores, se rapproche plus ou moins de l'extrémité du nerf acoustique, qu'il influence plus ou moins fortement, et ce nerf, qui, comme tous les nerfs, est constitué à la manière d'un conducteur électrique, transmet fidèlement à l'autre extrémité, c'est-à-dire aux cellules réceptrices du cerveau, les vibrations qu'il a reçues.

Il n'y a pas que les ondes électriques qui puissent être transmises par un fil métallique en conservant leur indépendance, une tige homogène quelconque peut également transmettre des ondes dans les mêmes conditions, des ondes sonores par exemple.

Wheastone a réalisé l'expérience suivante qui en fournit la preuve : au rez-de-chaussée d'une maison se trouve un piano ; on contact avec la table d'harmonie on pose une baguette de bois verticale laquelle traverse trois étages ; lorsqu'on joue du piano on n'entend rien à l'extrémité de la baguette, mais si on pose sur elle un violon, ce dernier reproduit l'air joué par le piano ; une guitare, une harpe reproduisent de même l'air, chaque instrument conservant son timbre particulier ; le piano communique ses vibrations à sa table d'harmonie, laquelle les communique à son tour à la boîte du violon et ensuite aux cordes par l'intermédiaire de la baguette de bois.

POSSIBILITÉ DE TRANSMETTRE PLUSIEURS DÉPÊCHES SIMULTANÉES DANS LES DEUX SENS PAR UN SIMPLE FIL TÉLÉPHONIQUE

SIMULTANÉITÉ DE COMMUNICATIONS PAR UN TUBE ACOUSTIQUE

L'étude du processus des ondes, dans un phonographe et dans un téléphone, n'est que le préliminaire d'une question plus vaste, celle de l'utilisation des fils téléphoniques ou télégraphiques à l'envoi de plusieurs dépêches simultanées dans les deux sens; de prime abord, le but à atteindre paraît absurde; seule une analyse minutieuse du processus des ondes peut nous permettre de changer cette apparente absurdité en une possibilité manifeste.

Suivant mes principes, je commencerai par bien poser le problème, puis j'irai du simple au composé; je rappelle sans y insister que les ondes, de quelque nature qu'elles soient, se croisent et se traversent sans se contrarier. J'ai montré plus haut le mécanisme de ce croisement.

Considérons deux personnes A, B stationnant au milieu d'une place et distantes de 100 mètres par exemple. Ces personnes s'interpellent et, quoique parlant simultanément, elles s'entendent et se comprennent; les ondes sonores se croisent donc bien, mais pour rendre la communication plus nette, certaines précautions sont à prendre.

Chacune des personnes A, B peut être considérée à la fois comme transmetteur et comme récepteur; elle émet des ondes sonores par la bouche et elle les reçoit par l'oreille. Mais la personne A lorsqu'elle parle entend sa propre voix en plus de la voix de B, de là une cause de trouble et de confusion dans la perception. Il y aurait avantage à ce que A n'entendît pas sa propre voix ou l'entendît le moins possible, ce qui pourrait s'obtenir par exemple si elle parlait dans un long porte-voix portant les ondes sonores loin de son oreille. Il existerait un autre moyen, c'est que A ne transmît qu'un son aigu par exemple et que son oreille ne pût percevoir qu'un son grave; le transmetteur et le récepteur n'étant pas en accord de vibrations, A n'entendrait plus sa propre voix; ce procédé nous allons l'appliquer tout de suite à un tube acoustique long par exemple de 100 mètres.

A l'une des extrémités du tube sont branchés deux sifflets A, B émettant l'un 2.000, l'autre 3.000 vibrations par seconde. A l'autre extrémité se trouvent deux sifflets semblables A', B'; une personne sifflant en A ne pourra impressionner que le sifflet A' en accord avec lui, de même le sifflet B ne pourra influencer que le sifflet B'; on pourra siffler simultanément en A et B ou en A et en B' et les ondes sonores cheminant dans le même sens ou en sens contraire, les communications seront perçues aux sifflets opposés et cela sans le moindre trouble, et sans qu'il y ait lieu de prendre la moindre précaution.

Au lieu de deux sifflets à chaque poste on en pourrait placer un plus grand nombre sans que la transmission en fût troublée ni même compliquée.

Cet exemple préliminaire que j'ai simplifié le plus possible donne la clef d'un système permettant de transmettre plusieurs dépêches simultanées dans les deux sens, par un simple fil téléphonique.

J'ai exposé à l'article traitant du croisement de dépêches dans un fil télégraphique, un exemple de croisement d'ondes à la surface d'un étang, exemple qui est de nature à éclaircir davantage le problème.

SIMULTANÉITÉ DE COMMUNICATIONS
PAR UN FIL TÉLÉPHONIQUE

Nous savons par l'exemple du téléphone qu'un mince fil de cuivre est susceptible de transmettre à la fois de nombreuses vibrations en leur conservant leur indépendance, et cela donne tout de suite l'idée de se servir des propriétés de l'accord entre un transmetteur et un récepteur téléphonique pour utiliser ce même fil à la transmission et à la réception de plusieurs dépêches orales simultanées, soit dans le même sens, soit dans les deux sens.

Des tentatives ont déjà été faites dans cette direction en ce qui concerne la télégraphie ; mais les dispositifs adoptés sont d'une complication telle qu'on n'a pas réussi jusqu'ici à les faire entrer dans la pratique. Le système le plus connu est le multi-communicateur Mercadier succédant lui-même à d'autres systèmes analogues. M. Mercadier a cherché à faire naître dans un fil des courants dits **vibrés,** d'une fréquence déterminée ; à chaque fréquence de courant correspondaient un transmetteur et un récepteur en accord ; autant on créait de fréquences dans le fil, autant il existait de communications simultanées possibles. Nous avons dit que cet appareil, en dehors d'un essai entre Paris et le Havre, n'avait pas prévalu à cause de sa délicatesse sans doute.

Mais y a-t-il vraiment lieu de s'ingénier à créer des courants vibrés, compliqués chacun d'un transmetteur et d'un récepteur, alors que l'exemple du téléphone nous a montré qu'il n'y avait pas à se préoccuper des ondes électriques qui prenaient naissance dans le fil, ces ondes s'adaptant d'elles-mêmes fidèlement aux ondes sonores.

Dès lors voici le dispositif qu'on pourrait imaginer pour obtenir une meilleure utilisation des fils actuellement en service, et cela sans troubler en rien le fonctionnement du téléphone actuel ; ce dispositif n'est autre que celui du tube acoustique que nous venons d'exposer, en remplaçant tout simplement le tube acoustique par un fil métallique de cuivre.

Je rappelle que les ondes sonores sont, d'après Hellmoltz, comprises entre 16 et 36.000 vibrations à la seconde.

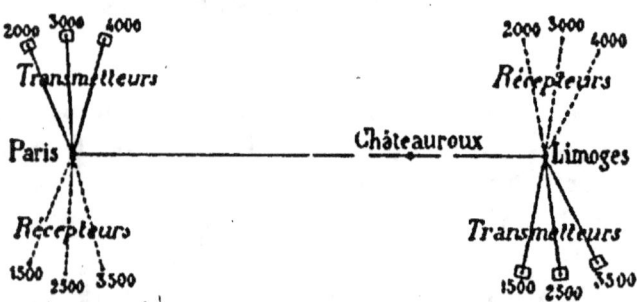

Précisons tout de suite, et considérons un fil téléphonique Paris-Limoges. Ce fil actuellement ne peut recevoir qu'une seule conversation dans l'un ou l'autre sens ; en outre, il ne peut desservir que les points terminus, Paris et Limoges.

Ne changeons rien à la ligne telle qu'elle existe ; les points aboutissants seront seuls en jeu. Je rappelle qu'une vibration sonore, d'une fréquence déterminée par seconde, ne peut mettre en vibration qu'un récepteur en accord avec ce même nombre de vibrations. A Paris j'installe trois transmetteurs, émettant 2.000, 3.000, 4.000 vibrations par exemple. A Limoges j'installe trois récepteurs accordés à ces mêmes fréquences de vibrations ; une personne causant à Paris au transmetteur 3.000 ne sera entendue à Limoges que par le récepteur 3.000 ; trois personnes pourront donc communiquer simultanément de Paris à Limoges.

Inversement j'installe à Limoges trois transmetteurs vibrant à 1.500, 2.500, 3.500 correspondant à trois récepteurs de Paris en accord avec ces vibrations ; six communications pourront donc se faire simultanément dans les deux sens, sans qu'il y ait à prendre aucune précaution, il suffira de transmettre à une extrémité quelconque et à l'autre extrémité en accord on entendra et on n'entendra que là.

Mais ce n'est pas six, c'est cent communications qui pourront se produire simultanément dans le mince fil téléphonique. Nous savons en effet que, quel qu'en soit le nombre, tous les sons d'un orchestre sont fidèlement transmis par le fil et d'autre part l'oreille peut percevoir les vibrations jusqu'à la limite de 36.000.

Les communications ainsi obtenues ne seront pas il est vrai des communications parlées ; on ne peut en effet songer à parler devant un transmetteur monoton, en élevant et maintenant sa voix à la hauteur de 3.000 vibrations par exemple. Tout au plus pourrait-on conserver les articulations ; les communications seraient donc transmises et reçues en langage Morse comme dans la télégraphie sans fil.

Au départ le transmetteur pourrait être ainsi constitué : une caisse-réservoir dans laquelle on comprimerait de l'air ; cette caisse communiquerait avec un grand nombre d'ouvertures à anche qui normalement seraient fermées. Par le moyen d'un manipulateur on ouvrirait une anche vibrant je suppose à 3.000. En laissant cette anche ouverte pendant un temps plus ou moins long, on obtiendrait des vibrations brèves ou longues qui

seraient les analogues des points et des traits dans le langage
Morse ; ces vibrations émises au transmetteur seraient reçues à
Limoges dans le récepteur 3.000 par le moyen du fil dont il n'y
a pas lieu de se préoccuper.

Comment devra être constitué l'écouteur ? Il devra être constitué en accord avec le transmetteur soit par une anche,
soit par une membrane de fer doux, mais ce sont là des détails qui ne seraient qu'un jeu pour les constructeurs d'aujourd'hui.

Tout le monde connaît l'instrument de musique appelé accordéon. C'est exactement le genre de transmetteur que je
viens de décrire. Cet instrument comporte, je suppose, vingt
notes. On comprime de l'air dans un réservoir général en
forme d'accordéon et en ouvrant certaines anches ou languettes
et laissant les autres fermées on émet les notes voulues ; on
pourrait dans cet accordéon, par des ouvertures plus ou moins
prolongées, obtenir les équivalents des points et des traits de
l'alphabet Morse ; on pourrait de même remplacer les anches
par des sons de flûte ou d'autres genres de vibrations.

Dans le système que j'expose, on pourrait desservir des villes
intermédiaires, Châteauroux par exemple ; à Paris, le transmetteur 6.000 correspondrait avec un récepteur 6.000 placé à Châteauroux ; de même dans cette dernière ville un transmetteur
7.000 correspondrait avec un récepteur 7.000 à Paris. La communication Châteauroux-Limoges s'effectuerait de même,
transmetteur 6.500 à Limoges, récepteur en accord à Châteauroux ; transmetteur 7.500 à Châteauroux, récepteur en accord
à Limoges.

Pour correspondre, nul besoin de tâtonnements, nulle
demande de communication en dehors de l'avertissement de
communication. A Paris le transmetteur 6.000 ne peut
correspondre qu'avec Châteauroux et ne peut être recueilli que
par Châteauroux, on peut donc communiquer avec Châteauroux sans s'inquiéter des autres communications.

En vérité peut-on imaginer un système multiple plus simple
et plus abondamment multiple ?

Mais, pourra-t-on objecter, notre téléphone que devient-il
dans tout cela ? vous avez bien transformé notre fil télépho-

nique en fil télégraphique, vous envoyez des dépêches Morse parlées, mais nos communications verbales?

A cela il y a réponse. Le téléphone peut subsister comme précédemment sans qu'il y ait rien à modifier dans ses appareils ni dans son fonctionnement. Dans la conversation ordinaire, une voix aiguë de femme ne dépasse pas 550 vibrations par seconde, il n'y a donc qu'à appliquer le système de l'accord à partir de 1.500 vibrations par exemple ; les vibrations au-dessous de ce chiffre ne seront pas tributaires des récepteurs accordés, elles continueront à être recueillies par les appareils téléphoniques actuels et par eux seuls ; la membrane vibrante sera seulement constituée pour ne pouvoir vibrer au delà de 1.500.

Le dispositif que je viens d'exposer est un dispositif rudimentaire, schématique pourrait-on dire ; il peut être perfectionné à l'usage et l'ingéniosité des constructeurs n'y faillira pas ; cependant, tel qu'il est exposé, il me paraît constituer une innovation intéressante et réaliser un immense progrès sur l'état actuel des communications téléphoniques et même télégraphiques.

Bien entendu des fils téléphoniques, c'est-à-dire en bronze ou en cuivre, peuvent seuls convenir ; l'élasticité moléculaire du fer serait insuffisante pour les changements rapides d'orientation qu'ont à subir les molécules.

MULTICOMMUNICATION TÉLÉGRAPHIQUE

Comme multicommunication télégraphique, il a été mis en usage divers systèmes ; le Baudot, merveille de mécanique et de précision qui permet d'envoyer plusieurs dépêches à la fois en utilisant les faibles intervalles de temps laissés entre deux signes d'une même dépêche. Puis les systèmes Diplex et Duplex qui permettent l'un l'envoi de deux dépêches simultanées dans le même sens, et l'autre l'envoi simultané de deux dépêches en sens contraire. J'ai expliqué le processus du cheminement simultané et du croisement à la page 22.

Pour la transmission et la réception des dépêches, on a cherché à utiliser le système des accords, en partant de cette particularité que nous avons analysée dans les pages précédentes, que des ondes de fréquences diverses cheminent en conservant leur indépendance et qu'un excitateur donné ne peut mettre en action qu'un récepteur en accord de fréquence avec lui.

Partant de ces données, des constructeurs ont cherché à faire circuler dans les fils ce qu'ils appellent des courants **vibrés,** c'est-à-dire des courants alternatifs, chaque fréquence devant servir et ne pouvant servir qu'à une communication. Sur ce princi pea été imaginé l'appareil Mercadier dont nous avons parlé ci-dessus. Cet inventeur a fait fonctionner son appareil entre Paris et le Havre ; il transmettait cinq dépêches dans chaque sens par le moyen d'un appareil Hughes ; la délicatesse de l'appareil Mercadier est telle qu'il n'a pas encore réussi à s'implanter dans la pratique.

Mais si la délicatesse de son mécanisme est extrême, son installation par contre est fort discrète et se fait sans rien changer à une ligne déjà existante ; ainsi, entre Paris et le Havre, les communications ont continué, comme d'habitude, à se faire par un Baudot sextuple, l'installation d'un Mercadier s'est bornée à placer des appareils dans les bureaux de départ et d'arrivée, les courants alternatifs eux-mêmes ou vibrés qui sont créés par les appareils se superposent simplement au courant continu de la ligne qui n'en est pas affecté:

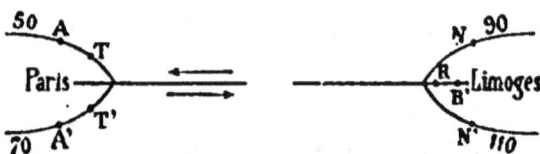

J'expose en quelques mots comment, en appliquant un système analogue à celui de la multicommunication télé-phonique, on pourrait sans grande complication installer une multicommunication télégraphique.

Considérons toujours un fil Paris-Limoges ; à Paris une dynamo A fournit un courant alternatif d'une fréquence de 50 à la seconde par exemple ; au départ et à l'arrivée, le fil plonge à la Terre ; au départ, sur un point du branchement de la dynamo, se trouve installé un transmetteur Morse T, lequel interrompt le courant alternatif suivant des laps de temps brefs ou longs suivant le système habituel.

A l'arrivée à Limoges, un récepteur accordé à la fréquence 50 reproduit les mêmes interruptions ; une dépêche Morse envoyée par le transmetteur T ne peut donc être reçue que par le récepteur R ; faisons de même pour une fréquence de 70 par seconde, et nous recevrons une deuxième dépêche envoyée de Paris au même instant que la première ; une troisième dépêche serait transmise de la même façon et sans plus de complication.

A Limoges, la station télégraphique serait organisée de même ; à côté des récepteurs R, R', etc., il y aurait des transmetteurs N, N' à cheval sur des courants de fréquences différentes que celles de Paris bien entendu. Je ne m'étendrai pas davantage sur ce sujet, il n'y gagnerait rien en clarté.

Le dispositif sommaire que je viens d'indiquer a quelque ressemblance avec le système Mercadier ; comme lui il opère chaque communication sur une ligne de courants alternatifs de fréquence déterminée en supprimant toutefois les diapasons régleurs de fréquence.

Je n'hésite pas à préférer, à ce système, mon système de simultané-communication par fil téléphonique ; ici, il est vrai, les dépêches sont reçues dans un récepteur téléphonique, c'est-à-dire au son, mais c'est également ainsi que sont reçues les dépêches Mercadier ; de ce côté il n'y a donc rien de changé, mais mon système a cet immense avantage qu'il supprime tous les courants vibrés, tous les diapasons.

Au départ, j'ai tout simplement comme transmetteur un organe vibrant à une fréquence déterminée, 1.000 par exemple ; à l'arrivée, j'ai un récepteur vibrant en accord, puis plus rien. Mon transmetteur vibrant en face de l'extrémité d'un fil téléphonique fait naître dans le fil des courants ou des variations de courants dont nous n'avons pas à nous préoccuper, il nous suffit de constater que ces courants reproduisent à l'arrivée les mêmes vibrations, d'où la réception au son suivant le langage Morse.

En réalité, dans le fil, tous les signes sont capables de se croiser même lorsqu'ils ont même fréquence et même amplitude; il n'y a, pour s'en convaincre, qu'à voir ce qui se passe à la surface d'un étang, toutes les rides se croisent et se traversent; ce qui oblige à recourir aux fréquences dans le cas qui nous occupe, c'est la nécessité des accords entre transmetteurs et récepteurs.

COUP D'ŒIL RÉTROSPECTIF

Dans l'Introduction qui figure en tête de cet ouvrage, j'ai simplement prétendu à l'explication des phénomènes de l'électricité. Je n'ai pas osé aller plus loin pour ne pas effaroucher les esprits. Mais qui oserait nier que, si la cause de l'électricité est trouvée, cette cause doit s'étendre à d'autres propriétés ou énergies de la matière, celles notamment ayant le caractère attractif, et de fait j'ai attribué cette même cause à la gravitation, à la cohésion, à l'affinité chimique, etc., mais j'ai relégué l'étude de ces énergies à la fin de mon ouvrage ; pour ces propriétés de la matière tout comme pour les phénomènes électriques, la cause est la dissymétrie de la molécule.

Dans des ouvrages antérieurs dont le premier remonte à 1900, j'ai passé en revue toutes les autres propriétés et énergies de la matière, chaleur, lumière, osmose, tension superficielle, capillarité, etc.; finalement, dans une synthèse générale, j'attribue toutes les énergies et propriétés de la matière à des mouvements moléculaires; or ces mouvements très peu nombreux pouvant se transformer les uns dans les autres, il en ressort que les énergies peuvent également se transformer et s'équivaloir. En un mot j'étends à toutes les énergies, et à toutes les propriétés de la matière sous tous ses états, la théorie cinétique qui jusqu'ici n'a été appliquée qu'aux gaz et à l'acoustique. Je rappellerai que c'est à des mouvements moléculaires qu'on attribue la lumière et la chaleur.

De cette synthèse résulte une conséquence philosophique du plus haut intérêt : qu'adviendrait-il si les mouvements moléculaires venaient à s'éteindre ? il n'y aurait plus de cohésion, plus d'affinité, plus de gravitation; plus de chaleur, plus d'électricité, plus de lumière, etc., ce serait la mort de la matière, car la matière dépourvue de tous ses attributs que serait-elle ? Mouvement et matière sont indissolublement liés, on ne peut imaginer un mouvement sans matière ni une matière sans mouvement.

Ce n'est pas dans mes premiers ouvrages naturellement qu'il faut chercher l'explication définitive des phénomènes de l'électricité ; mon premier même ayant pour titre **genèse de la matière et de l'énergie** ne contient que des embryons d'idées et des vues pour ainsi dire intuitives, ces vues et ces idées ne se sont précisées que progressivement et ce n'est que bien plus tard, par exemple, que j'ai pu démêler les champs électromagnétiques et tout dernièrement enfin le magnétisme et l'électrolyse.

TABLE DES MATIÈRES

Chaleur et lumière électriques

Lignes de force. — Attractions. — Influence électrique

Télégraphie sans fil. Ondes et champs

Magnétisme. — Aiguille aimantée

Gravitation. — Attraction universelle

Cohésion. — Affinité. — Électrolyse

Ondes linéaires rythmées. — Phonographe. — Téléphone

Possibilité de transmettre plusieurs dépêches simultanées dans les deux sens par un simple fil téléphonique

Tours. — Imprimerie Deslis Frères et Cⁱᵉ.

www.ingramcontent.com/pod-product-compliance
Lightning Source LLC
Chambersburg PA
CBHW070600050526
44396CB00007B/1348